楽しい調べ学習シリーズ

ウイルスって何だろう？

正体から生物進化とのかかわりまで

[監修] 武村政春

PHP

みなさんは、ウイルスにどのようなイメージをもっているでしょうか。いま世界中で大流行している新型コロナウイルスをはじめとして、インフルエンザウイルスやノロウイルスなどのような有名なウイルスは、わたしたち人間に感染して病気を起こす、いわゆる「病原体」です。したがって、ウイルスはおそらく「悪者」として、みなさんの中でイメージされているのではないでしょうか。

　たしかに、「ウイルス」という言葉は、もともと「毒」という意味のラテン語から来ています。まだ顕微鏡がなかったころの昔の人は、病気のもとになる目に見えない「何か」をそう名づけ、恐れてきました。人間が目に見えないものを恐れるのは、いまも昔も変わりませんが、昔とちがっていまは、電子顕微鏡をはじめさまざまな科学機器があり、その「何か」、つまり「ウイルス」の正体をとらえ、知ることができます。その結果、昔から人間を苦しめてきた天然痘が、天然痘ウイルスによるものであることがわかり、スペインかぜなど高熱にうなされる特殊なかぜが、インフルエンザウイルスによるものであることがわかってきました。さらに、ウイルスがわたしたちと同じ生物ではなく、どちらかといえば「生物にかぎりなく近い物質」なのだ、ということも。

一方で、ウイルス学やゲノム科学が発展し、わたしたち生物の成り立ちが徐々に明らかになってくると、ウイルスはそうした恐ろしい面ばかりをもっているのではない、ということもわかってきました。人間のゲノムの一部は大昔、ウイルスに感染したときにウイルスからもちこまれたものであることがわかってきましたし、かつてウイルスからもちこまれた遺伝子がいま、わたしたちの細胞ではたらいて、ほ乳類の胎盤がつくられることもわかってきました。

そして、ウイルスの世界はわたしたちが考えてきたよりはるかに広く、身のまわりには、わたしたち人間には感染しないけれどもほかの多くの生物に感染するたくさんのウイルスが、ふつうに存在していることがわかってきました。なかには、生物であるバクテリアと同じくらいの大きさをもつ「巨大ウイルス」とよばれるウイルスがいることもわかってきました。

「物質」であるにもかかわらず、わたしたち生物に感染して増殖し、ときには病気を引き起こし、ときには生物の進化に深くかかわってきた不思議なもの。いったい、ウイルスとは何なのでしょうか。

この本で、その魅力あふれる世界の一端を、どうぞのぞいてみてください。

武村政春
東京理科大学教授

©リュウタ/ PIXTA

感染拡大防止のため、通行止めになった東京・上野恩賜公園の花見の名所（2020年3月末）。

（万人）

2400	
2200	
2000	
1800	
1600	
1400	
1200	
1000	
800	
600	
400	
200	

**新型コロナウイルス感染症の
世界の感染者数、死者数推移グラフ**

0.06   7.6   24   121
0.02   2   7.2   187

2020　1/22　1/31　2/9　2/18　2/27　3/7　3/16　3/25　4/3　4/12　4/21　4/30

プロローグ

世界に広がった新型コロナウイルス

©まちゃー/ PIXTA

「眠らない街」といわれた東京・新宿の歌舞伎町も人出はなく閑散としていた（2020年3月末）。

©ADAM MELNYK/ 123RF

カナダのバンクーバー空港（2020年3月末）。

フランス・パリのシンボル、エッフェル塔は閉鎖された。路上にも人の姿はない（2020年3月末）。

感染者数　2405

死者数

（千人）
800
700
600
500
400
300
200
100

823
669
529
1096
405
683
285
405

5/9　5/18　5/27　6/05　6/14　6/23　7/2　7/11　7/20　7/29　8/7　8/16　8/25

Coronavirus disease（COVID-19）：Weekly Epidemiological Update,30 August 2020（WHO）より作成。

　2020年、新型コロナウイルス感染症（COVID-19）が、世界で猛威をふるいました。

　2019年12月に中国の武漢市で発生が確認されてから、中国全土、韓国、日本、東アジアに拡大。3月に入り北イタリアからヨーロッパ、アメリカ、さらには南米やアフリカにも広がり、世界中をおびやかすパンデミック（世界的大流行）となったのです。

　2020年8月には世界の感染者が2400万人をこえ、死者は82万人を上まわりました。

　世界の多くの国が非常事態宣言を発令し、都市を封鎖。人々の不要不急の外出や移動を禁じ、学校も休校となりました。にぎやかだった空港や観光地、繁華街からは、人の姿が消えました。人が集まるスポーツイベントも音楽イベントも、みな中止や延期となりました。

　日本でも2020年4月に緊急事態宣言が出され、外出自粛が2カ月近く続いたのは、記憶に新しいところです。日本人の生活も社会も一変しました。

　1万分の1mmという、目に見えない、生物かどうかもはっきりしないごく小さな存在が国境をこえてあっという間に広がり、短期間で世界を変えてしまう。人類を恐怖と不安におとしいれたこのウイルスとは、いったい何者でしょうか。

　ウイルスに立ち向かう、あるいはウイルスとうまくつきあっていくために、ウイルスについて正しく知り、正体をしっかり把握しておくことはとても重要です。

　この本で、「ウイルスとは何か」を、さまざまな角度からじっくり見ていきましょう。

もくじ

第1章　ウイルスは何者なのか？

▶10ページ

第2章　ウイルスと感染症

▶37ページ

第3章　ウイルスと生物進化

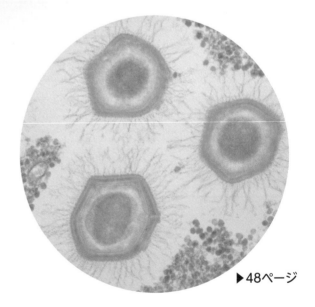

▶48ページ

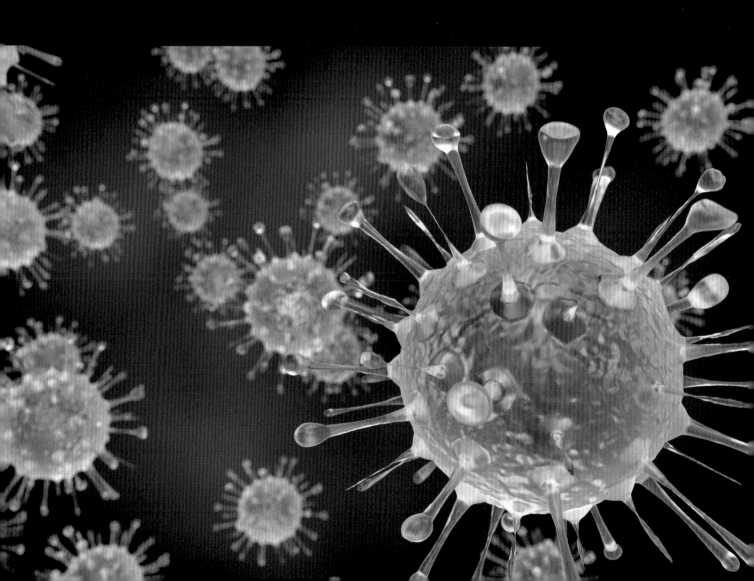

第1章

<ruby>第<rt>だい</rt></ruby>1<ruby>章<rt>しょう</rt></ruby>

ウイルスは何者なのか？

ウイルスは<ruby>何者<rt>なにもの</rt></ruby>なのか？

ウイルスは生物？

生物とは何か？

　ウイルスは「生物」でしょうか。あるいは無生物、つまり「物質」でしょうか。そこから考えてみましょう。

　まず、「生物」とは何でしょう？

　「生物」＝「生きているもの」ということですが、その定義にはいろいろあり、明確に決まっているわけではありません。ただ、多くの生物学者がみとめている一般的な定義では、次の3つの条件を満たしているもののことをいいます。

（1）細胞膜で仕切られた細胞でできている
（2）自力で代謝をおこなう
（3）自分の複製を自力でつくる

（1）細胞膜で仕切られた細胞でできている

　生物は細胞でできていて、細胞は生物を構成する最も小さな単位です。そして、すべての細胞は細胞膜で包まれています。細胞膜によって外界とはっきり分けられ、膜の内側が自分で外側は他者。混じり合ったりしません。これが1つめの定義です。

（2）自力で代謝をおこなう

　代謝とは何でしょうか。

　代謝とは、生きていくために、体の中で起こる化学反応のことです。人間でいうと、呼吸によって得た酸素でブドウ糖をエネルギーに変えたり、食べ物を水と反応させて栄養分に変えたりする（消化する）ことなどです。植物が太陽光を利用して光合成をし、自分が生きていくエネルギーをつくるのも代謝です。

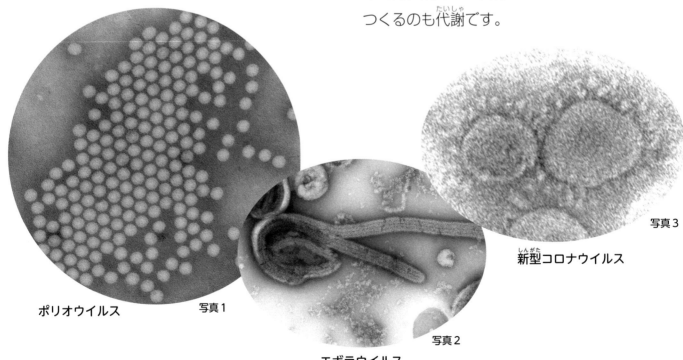

ポリオウイルス　　　　写真1

エボラウイルス　　　写真2

新型コロナウイルス　写真3

(3) 自分の複製を自力でつくる

自分の複製をつくるとは、自分の細胞と同じ細胞を細胞分裂によってつくることです。生物は、これを他者の力を借りずに自力でおこないます。動物や植物などの多細胞生物、アメーバや細菌などの単細胞生物もそうです。

ウイルスは生物か？

それでは、ウイルスは生物でしょうか。

ウイルスは、カプシドというタンパク質の殻に包まれていて、さらにエンベロープとよばれる膜に包まれているウイルスもあります（→12ページ）。しかし、その膜は、細胞膜に由来する場合もありますが、細胞膜そのものではなく、そもそもウイルスは細胞でできてはいません。

また、ウイルスは呼吸によって化学反応を起こしエネルギーを得るなどの「代謝」はおこないません。そして、自分の力で複製をつくって増えていくこともできません。

ウイルスは、生物の3つの条件とも満たしていない、つまり生物ではないことになります。

では、完全に無生物かというと、そうともいいきれないのです。

ウイルスは、自分では複製をつくることができませんが、ほかの生物の細胞に入りこんで、その中で複製をつくることができます。そうしてどんどん増殖していきます。

自力では増えていけないけれど、他者の力を借りて増えていけることから、ウイルスを「生物と無生物の中間」と考える生物学者も多くいます。

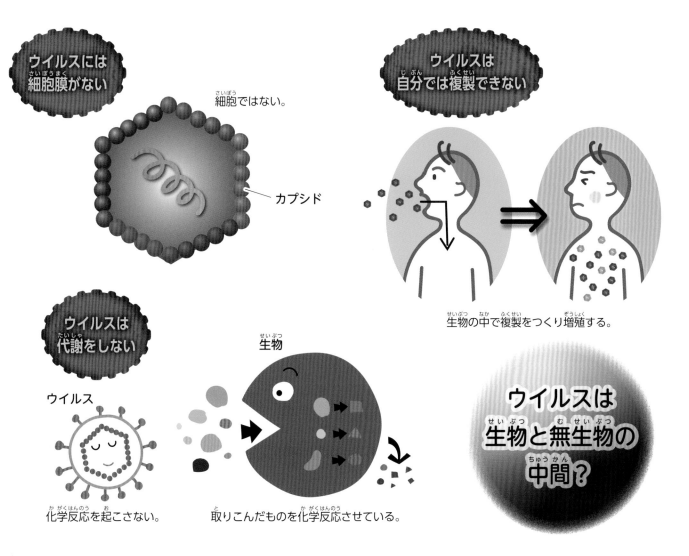

ウイルスには細胞膜がない

細胞ではない。

カプシド

ウイルスは自分では複製できない

生物の中で複製をつくり増殖する。

ウイルスは代謝をしない

ウイルス

生物

化学反応を起こさない。

取りこんだものを化学反応させている。

ウイルスは生物と無生物の中間？

ウイルスは何でできている？

ウイルスの構造

　ウイルスは何でできていて、どんな形をしているのでしょうか。

　最も単純なウイルスは、核酸という物質を、タンパク質でできた殻が包んだ構造になっています。この核酸はDNAまたはRNA*1で、タンパク質の殻は「カプシド」といいます。つまり、タンパク質でできたカプセルの中にDNAまたはRNAが入っているというだけの、単純な構造になっています。

　タンパク質も物質であり、DNAやRNAも物質です。その意味では、ウイルスは「物質」ということになります。

　ウイルスの種類によっては、カプシドの外側をさらにエンベロープという膜が包む構造になっています。

DNA、RNAとは？

　DNA、RNAとは何でしょうか。

　DNAは「遺伝子*2」をもつ糸状の物質です。遺伝子とは、親から子へ伝えていく、その生物のさまざまな特徴が書かれている「設計図」のようなものです。わたしたちも、お父さん、お母さんから遺伝子を受けついでいるため、お父さん、お母さんに似ているのです。

　DNAは生物にとって、きわめて重要な物質ですが、ウイルスにも、このDNAをもつ種類が多くあります。DNAではなくRNAをもつものもあります。RNAも、DNAとよく似た物質で、生物にとってやはり重要な役割をもつものです。

　生物にとって重要なDNA、RNAをもっているという点では、ウイルスは「生物的である」といえます。

● ウイルスの基本的な形

カプシド（タンパク質）

核酸（DNA、RNA）

ウイルスの形で多いのは、正二十面体。20個の面がすべて同じ大きさの正三角形でできている。

解説1　DNA・RNA

DNAは「デオキシリボ核酸」、RNAは「リボ核酸」の英語の略。核酸は糖、塩基、リン酸という物質からできている。DNAは生物の体をつくるすべての細胞の中に等しく入っていて、細胞が分裂するときにコピーして伝えられる。親から子へ性質を伝える遺伝子の本体。RNAはDNAの情報からタンパク質をつくるはたらきをするが、RNAウイルス（→17ページ）では遺伝子の本体としてのはたらきも担っている。

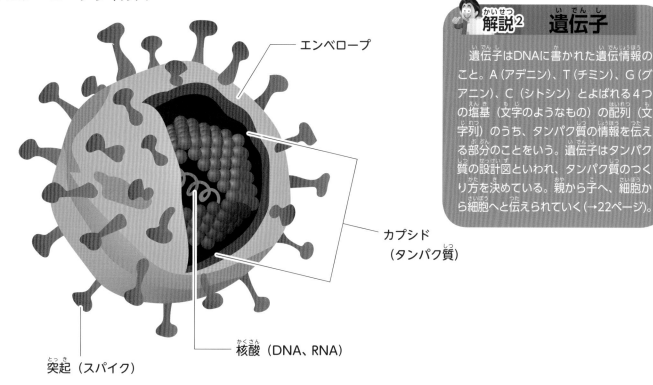

◉ エンベロープウイルス

エンベロープ

カプシド
（タンパク質）

核<ruby>酸<rt>かくさん</rt></ruby>（DNA、RNA）

<ruby>突起<rt>とっき</rt></ruby>（スパイク）

<ruby>解説<rt>かいせつ</rt></ruby>② <ruby>遺伝子<rt>いでんし</rt></ruby>

　<ruby>遺伝子<rt>いでんし</rt></ruby>はDNAに<ruby>書<rt>か</rt></ruby>かれた<ruby>遺伝情報<rt>いでんじょうほう</rt></ruby>のこと。A（アデニン）、T（チミン）、G（グアニン）、C（シトシン）とよばれる４つの<ruby>塩基<rt>えんき</rt></ruby>（<ruby>文字<rt>もじ</rt></ruby>のようなもの）の<ruby>配列<rt>はいれつ</rt></ruby>（<ruby>文字列<rt>もじれつ</rt></ruby>）のうち、タンパク<ruby>質<rt>しつ</rt></ruby>の<ruby>情報<rt>じょうほう</rt></ruby>を<ruby>伝<rt>つた</rt></ruby>える<ruby>部分<rt>ぶぶん</rt></ruby>のことをいう。<ruby>遺伝子<rt>いでんし</rt></ruby>はタンパク<ruby>質<rt>しつ</rt></ruby>の<ruby>設計図<rt>せっけいず</rt></ruby>といわれ、タンパク<ruby>質<rt>しつ</rt></ruby>のつくり<ruby>方<rt>かた</rt></ruby>を<ruby>決<rt>き</rt></ruby>めている。<ruby>親<rt>おや</rt></ruby>から<ruby>子<rt>こ</rt></ruby>へ、<ruby>細胞<rt>さいぼう</rt></ruby>から<ruby>細胞<rt>さいぼう</rt></ruby>へと<ruby>伝<rt>つた</rt></ruby>えられていく（→22ページ）。

タンパク<ruby>質<rt>しつ</rt></ruby>とは？

　では、DNAやRNAを<ruby>包<rt>つつ</rt></ruby>む「タンパク<ruby>質<rt>しつ</rt></ruby>」とはどんな<ruby>物質<rt>ぶっしつ</rt></ruby>でしょうか。

　<ruby>肉<rt>にく</rt></ruby>や<ruby>魚<rt>さかな</rt></ruby>、<ruby>卵<rt>たまご</rt></ruby>、<ruby>大豆<rt>だいず</rt></ruby>、<ruby>牛乳<rt>ぎゅうにゅう</rt></ruby>などにふくまれる<ruby>栄養素<rt>えいようそ</rt></ruby>として<ruby>知<rt>し</rt></ruby>っている<ruby>人<rt>ひと</rt></ruby>も<ruby>多<rt>おお</rt></ruby>いことでしょう。

　タンパク<ruby>質<rt>しつ</rt></ruby>は、<ruby>生物<rt>せいぶつ</rt></ruby>にとってとても<ruby>重要<rt>じゅうよう</rt></ruby>な<ruby>物質<rt>ぶっしつ</rt></ruby>です。この<ruby>本<rt>ほん</rt></ruby>の<ruby>中<rt>なか</rt></ruby>にも、タンパク<ruby>質<rt>しつ</rt></ruby>という<ruby>言葉<rt>ことば</rt></ruby>が<ruby>何度<rt>なんど</rt></ruby>も<ruby>出<rt>で</rt></ruby>てきます。

　わたしたちの<ruby>体<rt>からだ</rt></ruby>のおよそ６<ruby>割<rt>わり</rt></ruby>は<ruby>水分<rt>すいぶん</rt></ruby>ですが、<ruby>水分<rt>すいぶん</rt></ruby>をのぞくと、その<ruby>多<rt>おお</rt></ruby>くがタンパク<ruby>質<rt>しつ</rt></ruby>でできています。<ruby>筋肉<rt>きんにく</rt></ruby>や<ruby>内臓<rt>ないぞう</rt></ruby>、<ruby>皮膚<rt>ひふ</rt></ruby>、<ruby>髪<rt>かみ</rt></ruby>、<ruby>血液<rt>けつえき</rt></ruby>などの<ruby>主要<rt>しゅよう</rt></ruby>な<ruby>成分<rt>せいぶん</rt></ruby>はタンパク<ruby>質<rt>しつ</rt></ruby>です。また、<ruby>体<rt>からだ</rt></ruby>の<ruby>機能<rt>きのう</rt></ruby>を<ruby>調節<rt>ちょうせつ</rt></ruby>する「ホルモン」の<ruby>一部<rt>いちぶ</rt></ruby>、<ruby>食<rt>た</rt></ruby>べ<ruby>物<rt>もの</rt></ruby>の<ruby>消化<rt>しょうか</rt></ruby>・<ruby>吸収<rt>きゅうしゅう</rt></ruby>をはじめ、<ruby>呼吸<rt>こきゅう</rt></ruby>、<ruby>運動<rt>うんどう</rt></ruby>、<ruby>脳<rt>のう</rt></ruby>での<ruby>思考<rt>しこう</rt></ruby>など、<ruby>生命<rt>せいめい</rt></ruby>の<ruby>活動<rt>かつどう</rt></ruby>に<ruby>必要<rt>ひつよう</rt></ruby>な「<ruby>酵素<rt>こうそ</rt></ruby>」とよばれる<ruby>物質<rt>ぶっしつ</rt></ruby>もタンパク<ruby>質<rt>しつ</rt></ruby>でできています。

　<ruby>生物<rt>せいぶつ</rt></ruby>はタンパク<ruby>質<rt>しつ</rt></ruby>がないと<ruby>生<rt>い</rt></ruby>きていけず、まさに「<ruby>生物<rt>せいぶつ</rt></ruby>はタンパク<ruby>質<rt>しつ</rt></ruby>のかたまりである」ともいえるでしょう。

　<ruby>生物<rt>せいぶつ</rt></ruby>にとって<ruby>重要<rt>じゅうよう</rt></ruby>なこのタンパク<ruby>質<rt>しつ</rt></ruby>が、ウイルスにもあるのです。これも、<ruby>生物<rt>せいぶつ</rt></ruby>ではないウイルスが「<ruby>生物的<rt>せいぶつてき</rt></ruby>である」<ruby>理由<rt>りゆう</rt></ruby>の１つです。

<ruby>人間<rt>にんげん</rt></ruby>はおもにタンパク<ruby>質<rt>しつ</rt></ruby>でできている

<ruby>炭水化物<rt>たんすいかぶつ</rt></ruby>

ミネラル

<ruby>脂質<rt>ししつ</rt></ruby>

タンパク<ruby>質<rt>しつ</rt></ruby>
16%

<ruby>筋肉<rt>きんにく</rt></ruby>

<ruby>内臓<rt>ないぞう</rt></ruby>

<ruby>皮膚<rt>ひふ</rt></ruby>

ホルモン

<ruby>水分<rt>すいぶん</rt></ruby>
60%

<ruby>酵素<rt>こうそ</rt></ruby>

ウイルスと細菌のちがい

大きさと構造

病気の原因になるものを「病原体」といいます。よく知られた病原体には、ウイルスのほかに細菌（バクテリア）があります。ウイルスと細菌は、どちらも目に見えない小さな存在で混同されがちですが、2つには大きなちがいがあります。

まずは、大きさを見てみましょう。

細菌の大きさは、種類にもよりますが、およそ1.0μm、1mmの1000分の1です。ウイルスも種類により異なりますが、およそ0.1μm。細菌のさらに10分の1ほどの大きさです。

構造も異なります。細菌は1つの細胞だけでできている、れっきとした生物です。1個の細胞がそのまま生物で、単細胞生物といいます。細胞膜

と細胞壁があり、細胞を保護しています。

形は球形のもの、棒状のもの、らせん状のもの、糸状のものなどがあります。細胞の中にはDNAが入っています。

一方のウイルスは、細胞ではなく、細胞膜はありません。カプシドとよばれるタンパク質の殻があり、その中にはDNAまたはRNAが入っています（→12ページ）。

細菌は自力で増殖する

サイズや構造のちがい以上に、大きなちがいがあります。

ウイルスは自力で自分の複製をつくれませんが（→11ページ）、細菌は、自分の力で子孫を増やしていくことができます。

たとえば、飲みかけのジュースをそのままずっと置いておくと、くさってしまいます。細菌がジュースに入りこみ、ジュースの糖分をえさにし、増殖するのです。

細菌はまわりにえさがあれば、それを食べて自分で自分のコピーをつくり増殖していくことができるのです。

ウイルスは生物の細胞に入って増殖する

一方、ウイルスの多いところにジュースを置いておいても、ウイルスは増えません。

ウイルスは、ジュースの糖分を食べて増えていくことはできないのです。

● ウイルスの構造（エンベロープのあるウイルス）

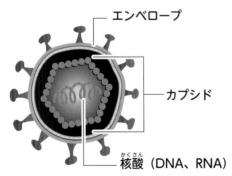

エンベロープ

カプシド

核酸（DNA、RNA）

● 細菌の構造

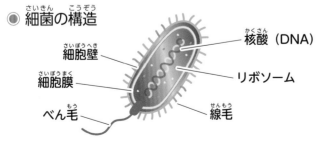

細胞壁

細胞膜

べん毛

核酸（DNA）

リボソーム

線毛

大きさ比べ

約10倍！

スギ花粉
約30μm

ウイルス　細菌　PM2.5※

約0.1μm

約1.0μm

約2.5μm

※PMは小さな粒子のことで、直径が2.5μm以下の粒子を指す。

髪の毛の直径
約70μm

ウイルスが増えるためには、生物の細胞の中に入りこまなければなりません。細胞に入りこみ、その細胞がもっている増殖システムを利用して、自分のDNAまたはRNAを増やしていくのです。

ウイルスがどの生物のどんな組織の細胞に入りこめるかは、ウイルスの種類によって決まっています。たとえば、ノロウイルス（ヒトノロウイルス）はヒトに感染すると決まっていて、さらに喉や鼻ではなく、十二指腸をはじめ小腸の最初のあたりの細胞だけに侵入できます。

あるウイルスが侵入して増殖する特定の生物を、そのウイルスにとっての「宿主」といいます。「やどぬし」という意味ですが、「しゅくしゅ」と読みます。

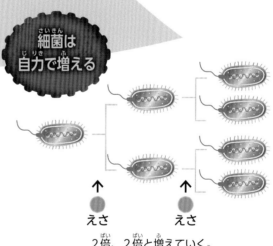

細菌は自力で増える

えさ　えさ

2倍、2倍と増えていく。

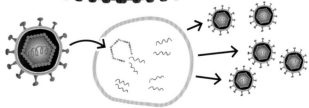

ウイルスは生物の細胞の中で増える

1つの細胞の中で爆発的に増える。

15

ウイルスの種類

ウイルスの分類方法

ウイルスの分類と命名法の許可をおこなっている国際ウイルス分類委員会によると、これまでに約6600種のウイルスが確認されています（2019年）。

ウイルスを分類する方法には、おもに次の2つがあります。

①遺伝子の構造と発現*1のしかたによる分類
②宿主による分類

下の図は、この分類を組み合わせて、おもなウイルスを示したものです。核酸がDNAかRNAか

ウイルスの分類体系

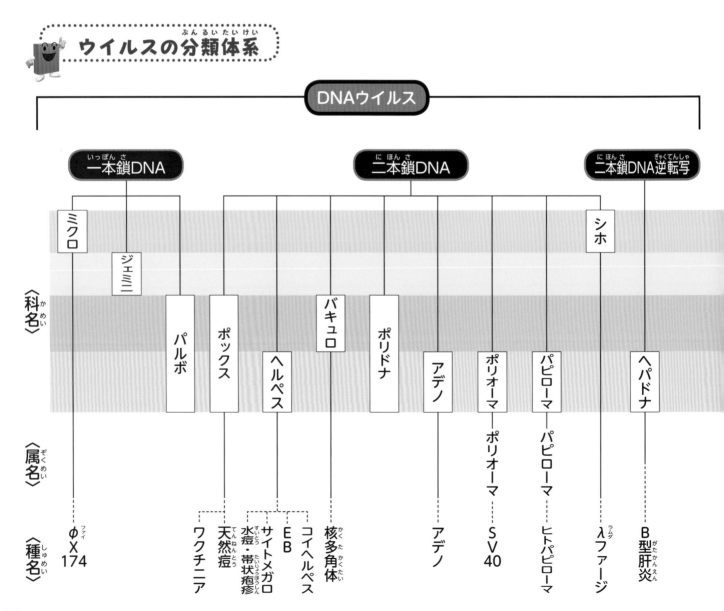

DNAウイルス

一本鎖DNA		二本鎖DNA			二本鎖DNA逆転写	
ミクロ			バキュロ	ポリドナ	シホ	
ジェミニ		ポックス				
	パルボ	ヘルペス		アデノ ポリオーマ パピローマ	パピローマ	ヘパドナ

《科名》

《属名》
ポリオーマ
パピローマ

《種名》
φX174（ファイ）
ワクチニア
天然痘
サイトメガロ
水痘・帯状疱疹
EB
コイヘルペス
核多角体
アデノ
SV40
ヒトパピローマ
λファージ（ラムダ）
B型肝炎

によって、大きくDNAウイルスとRNAウイルスに分かれますが、DNA／RNAの構造と発現のしかたのちがいで、7つのグループ（一本鎖*2 DNA、二本鎖*2 DNA、二本鎖DNA逆転写*3、二本鎖RNA、一本鎖RNAマイナス鎖*4、一本鎖RNAプラス鎖*4、一本鎖RNA逆転写）に分けられています。これを提案者の名前からボルティモア分類といいます。

解説1　遺伝子の発現

DNA／RNAの遺伝情報からタンパク質がつくられること。

解説2　一本鎖・二本鎖

DNA／RNAは糖・塩基・リン酸の組み合わせが最小単位（ヌクレオチドという）となって鎖状につながっている。これが一本だけの場合を一本鎖、二本の場合を二本鎖という。二本鎖の場合、一本は塩基が他方の相補的な配列になってつながっている（→22ページ）。

解説3　逆転写

遺伝情報は通常、DNAからRNAに転写（→23ページ）されることで伝えられるが、RNAからDNAに転写がおこなわれることをいう。

解説4　プラス鎖・マイナス鎖

ウイルスのRNAそのものがmRNA（→23ページ）としてはたらき、タンパク質をつくりだすものをRNAプラス鎖、いったん転写してできた相補的なものがmRNAとしてはたらき、タンパク質をつくりだすものをRNAマイナス鎖という。

RNAウイルス

- 二本鎖RNA
  - レオ
    - ロタ
    - オルビ
- 一本鎖RNAマイナス鎖
  - ラブド
    - リッサ ……… 狂犬病
  - フィロ
    - マールブルグ …… マールブルグ
    - エボラ …… エボラ
  - パラミクソ
    - モルビリ …… 麻疹
    - ルブラ …… おたふくかぜ
  - オルソミクソ
    - インフルエンザ …… インフルエンザ
    - イサ
- 一本鎖RNAプラス鎖
  - コロナ
    - コロナ …… SARS
    - トロ
  - ピコルナ
    - エンテロ
      - ポリオ
      - エンテロ
    - アフト …… 口蹄疫
    - ライノ …… ライノ
  - カリシ
    - ノロ …… ノーウォーク
- 一本鎖RNA逆転写
  - トバモ …… タバコモザイク
  - レトロ
    - レンチ …… HIV

宿主：細菌／植物／昆虫／せきつい動物

ウイルスはどこにいる？

ウイルスはイヌや草の中にもいる

ウイルスはとても小さくて目に見えませんが、どこにいるのでしょうか？

インフルエンザウイルスは、冬になると、感染している人の咳やくしゃみで出る飛沫（しぶき）の中にいますね。電車のつり革やエレベーターのボタンにもついていることがあります。

ウイルスにはたくさんの種類があり、実はそのうちのほとんどが、ヒトには感染せず、ヒトに悪さをしないウイルスです。

こうしたウイルスは空気中にいます。家の中にも、教室の中にも、道路の上にもいます。食べ物や飲み物の中にも存在します。

また、わたしたちの体の中にも、近所のイヌやネコの中にも、野生の鳥やウサギの中にも、庭先のクモや虫の中にも、木や草の中にもいます。

海の中にもいる

ウイルスは、雨粒の中にもいますし、海や川の中にもたくさん存在します。

ウイルスが水の中にいるというイメージはないかもしれません。しかし実際は、地球上で最も多くウイルスが存在する場所は、海や川などの水の中だと考えられています。

ノルウェーのある学者によると、湖には1mL

ウイルスは動物の体の中にいる。

ウイルスは食べ物の中にいる。

ウイルスは海の中にいる。

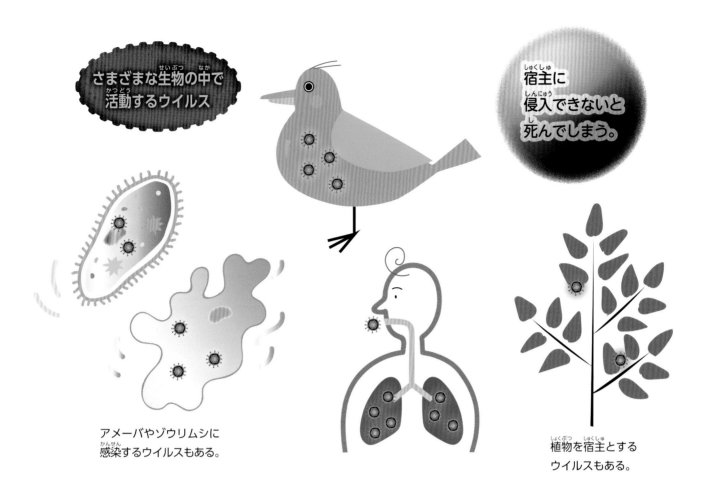

さまざまな生物の中で活動するウイルス

宿主に侵入できないと死んでしまう。

アメーバやゾウリムシに感染するウイルスもある。

植物を宿主とするウイルスもある。

の中に約2億5000万個のウイルスがいることがあるといいます。また、海では1mLに500万～1500万個のウイルスを検出したといいます。

たった1mLの水に、湖では日本の人口（約1億2600万人）の約2倍ものウイルスが、海では東京都の人口（約1400万人）に匹敵するウイルスがいるというのです。

といっても、海水に存在するウイルスは、ヒトではなく、海水に豊富にいる細菌やプランクトンなどに感染するので、わたしたちが海水浴をしたことで感染して病気になる心配はありません。

宿主の細胞の中で活動する

ただ、ウイルスは呼吸したり食べたりして化学反応を起こすなどの代謝はしないので、活動をしているのは宿主の細胞の中にいるときだけです。

宿主の細胞の中にいるときだけ、増殖という活動をします。自ら動くこともしないので、それ以外のときは、粒子としてただ浮遊しているか、何かに付着しているだけです。

宿主に感染できないと、多くのウイルスはやがて死んでしまいます。明確に生き物とはいえないので、正しくは「不活化する」といいます。外側の殻がやぶれてしまうのです。

インフルエンザウイルスの場合、不活化するのに、空気中では2時間から8時間、乾燥していれば24時間くらいかかります。ドアノブなどに付着した場合は、48時間くらいかかることもあります。

また、北極近くの凍った海や湖の中では、長いあいだそっと潜んでいることがわかっています。

ウイルスはどうやって増える？

6つのステップ

ウイルスは、宿主であるほかの生物の細胞に入りこみ、その中でコピーをつくってどんどん増殖していきます。では、宿主の細胞にどのように侵入し、どのようにして子ウイルスを増やしていくのでしょうか。

ステップは、次の6段階に分かれています。

①吸着→②侵入→③脱殻→④合成→⑤成熟→⑥放出

順に説明していきましょう。

❶ 吸着（細胞にくっつく）

ウイルスの増殖は、まず宿主の細胞の表面にウイルスがくっつくことで始まります。くっつく方法はウイルスによってちがいますが、エンベロープウイルスであるインフルエンザウイルスの場合、ウイルスの表面にある突起が、宿主の細胞の表面にある「受容体」に結合します。ウイルスによって、どの受容体（をもつ細胞）に結合するかが決まっています。突起と受容体はカギとカギ穴の関係のようになっていて、決まった相手とはぴったりと結合し、合わない相手とは結合しません。

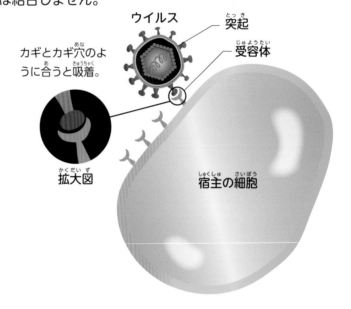

ウイルス
突起
受容体
カギとカギ穴のように合うと吸着。
拡大図
宿主の細胞

❻ 放出（子ウイルスを外に出す）

細胞の中に複製されたたくさんの子ウイルスがたまってくると、細胞膜がやぶれ、ウイルスが外の世界にまきちらされます。このことを「放出」といいます。放出するときに感染した細胞を殺してしまうこともあります。

細胞から出ていくとき、エンベロープウイルスの場合、細胞膜の一部を借りて自分の膜であるエンベロープにします。

放出された子ウイルスは、次の細胞に感染（侵入）して、さらに増殖していくのです。

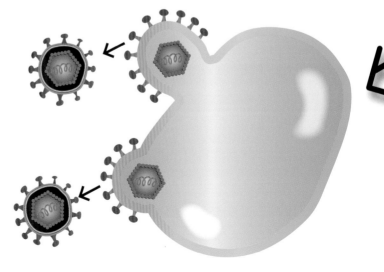

❷ 侵入（細胞に入りこむ）

次は、ウイルスが宿主の細胞に入りこむ「侵入」です。細胞膜に何かがくっつくと、細胞はそれをそのまま細胞膜で囲いこむようにして中に取りこむ性質があります。まるでウイルスを食べてしまうような作用です。

❸ 脱殻（殻をやぶる）

細胞の中に入りこんだら、DNAウイルスはDNA、RNAウイルスはRNA（以下、DNA／RNA）を収めた殻をやぶり、DNA／RNAを細胞内に解きはなちます。このステップを「脱殻」といいます。

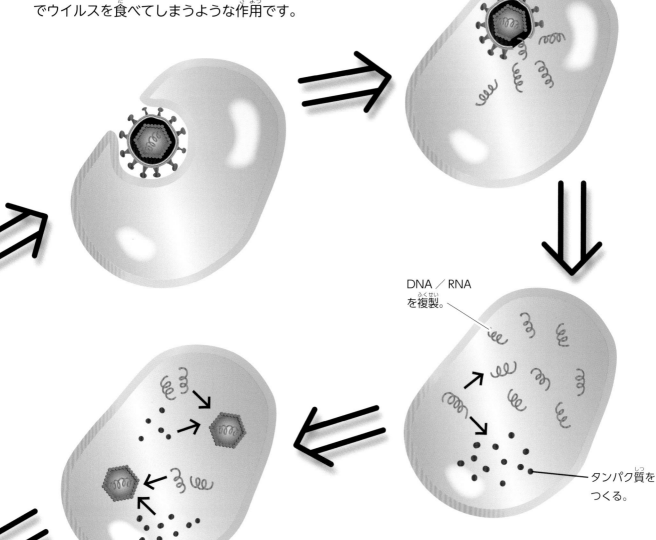

DNA／RNA
を複製。

タンパク質を
つくる。

❹ 合成（DNA／RNAを複製し、タンパク質をつくる）

DNA／RNAにある遺伝情報をもとに、DNA／RNAを複製し、タンパク質もつくります。
宿主の細胞には、遺伝情報からタンパク質をつくるための転写・翻訳という機能があり、ふだんは自分のためにタンパク質をつくっていますが、ウイルスはこれを利用してタンパク質をつくらせるのです（→23ページ）。

❺ 成熟（子ウイルスを組み立てる）

別々につくられたたくさんのDNA／RNAとタンパク質は、子ウイルスに組み立てられていきます。このステップを「成熟」といいます。
1個の細胞でつくられる子ウイルスは、たとえば、ピコルナウイルスというウイルスのグループの場合、2万5000〜10万個にもなります。

ウイルスとセントラルドグマ

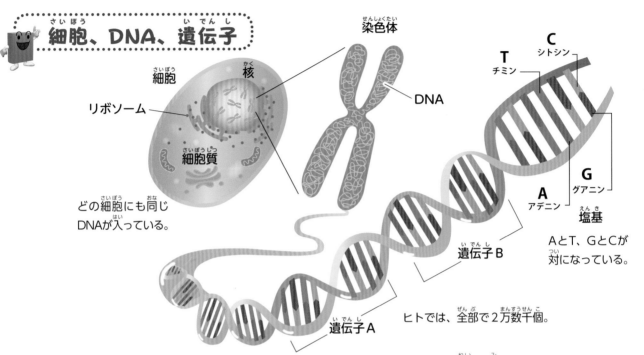

細胞、DNA、遺伝子

染色体

細胞

核

リボソーム

細胞質

DNA

どの細胞にも同じ
DNAが入っている。

C シトシン

T チミン

G グアニン

A アデニン

塩基

AとT、GとCが
対になっている。

遺伝子B

遺伝子A

ヒトでは、全部で2万数千個。

セントラルドグマとは

ウイルスは、宿主の細胞にある転写・翻訳という機能を利用していることにふれました。実は、すべての生物は、DNAの遺伝情報をmRNA（メッセンジャーRNA）というRNAに写し取り（転写）、その情報をもとにタンパク質をつくっています（翻訳）。遺伝情報がDNA→RNA→タンパク質のように一方向に流れることを「セントラルドグマ」（中心原理）といい、すべての生物に共通しています。ウイルスはこのセントラルドグマのしくみをもっていませんが、生物の細胞に入りこみ、このしくみを利用することで増殖するのです。

細胞、DNA、遺伝子

では、セントラルドグマのしくみについて、わたしたちヒトを例に見てみましょう。

ヒトは約37兆個の細胞でできています。そのすべての細胞の核の中には、両親からそれぞれ23本ずつ受けついだ46本の染色体が入っていて、そこに、細長い糸のようなDNAが折り重なってつめこまれています[※1]。

DNAは、A（アデニン）、T（チミン）、G（グアニン）、C（シトシン）という4つの物質（「塩基」といいます）が連なった二本の鎖がからみあう構造（二重らせん構造）をしており、AとT、GとCが対（ペア）になっています。そのうち、ところどころに遺伝情報（タンパク質の情報）を伝える塩基配列があります。これが遺伝子です。ところどころといっても、遺伝子は、23本の染色体の中に2万数千個も存在します。

遺伝子は、どんな体をつくり、どんな生命活動

※1 染色体は細胞分裂時に棒状になって現れる。それ以外のときはDNAは核内に分散している。

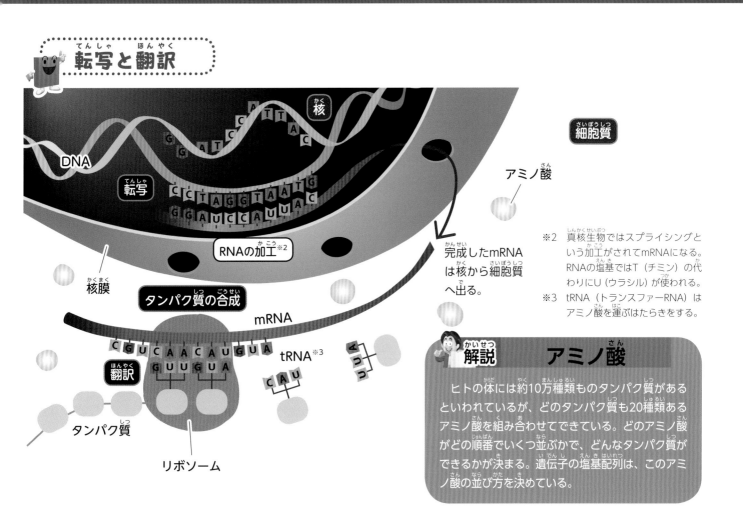

転写と翻訳

核

細胞質

DNA

転写

アミノ酸

RNAの加工※2

核膜

完成したmRNAは核から細胞質へ出る。

タンパク質の合成

mRNA

翻訳

tRNA※3

タンパク質

リボソーム

※2 真核生物ではスプライシングという加工がされてmRNAになる。RNAの塩基ではT（チミン）の代わりにU（ウラシル）が使われる。

※3 tRNA（トランスファーRNA）はアミノ酸を運ぶはたらきをする。

解説 アミノ酸

ヒトの体には約10万種類ものタンパク質があるといわれているが、どのタンパク質も20種類あるアミノ酸を組み合わせてできている。どのアミノ酸がどの順番でいくつ並ぶかで、どんなタンパク質ができるかが決まる。遺伝子の塩基配列は、このアミノ酸の並び方を決めている。

をするかを決めている設計図のようなものです。わたしたちの体はおもにタンパク質でできていることにふれました（→13ページ）。たとえば、目のレンズにあたる透明な水晶体を形づくるタンパク質をクリスタリンといいます。また、消化にたずさわる酵素のアミラーゼもタンパク質です。

こうした体の組織や機能としてはたらくさまざまなタンパク質を、どの場所で、どんなタイミングでつくるかを決めているのが遺伝子です。

転写・翻訳のしくみ

DNAの遺伝情報からタンパク質がつくられるまでの流れを見てみましょう。まず、核の中で、一本のDNAのATGCの塩基配列とそれぞれペアになる塩基がつながれ、mRNAがつくられます。これが「転写」です。RNAではA（アデニン）と

ペアになるT（チミン）の代わりにU（ウラシル）という塩基が使われます。転写は、体の組織ごとに必要なときにおこなわれ、必要な遺伝情報（塩基配列）だけが写し取られ、短いmRNAがつくられます。

次に、不要な塩基を取りのぞくスプライシングという加工がされたmRNAは、核から細胞質に飛び出し、細胞質にたくさんあるリボソームと結合します。リボソームは、mRNAとの結合位置を移動しながら、mRNAに写し取られた塩基配列の中の３つずつの塩基の並び（「コドン」といいます）で指定されたアミノ酸*を順につないでタンパク質をつくります。これが「翻訳」です。

tRNA（トランスファーRNA）という短いRNAは、指定されたアミノ酸をリボソームまで運ぶはたらきをしています。

潜伏期間とは？

・症状が生じるまでの期間

「潜伏期間」という言葉を聞いたことがあるかもしれません。

ウイルスの潜伏期間とは、ウイルスが宿主の細胞に侵入してから、それによる症状が宿主の体に生じるまでの期間のことをいいます。

ウイルス増殖の6つのステップ（→20ページ）でいうと、一般的には「合成」「成熟」「放出」の過程で症状が出ることが多いと考えられており、それまでの期間が潜伏期間となります。

この期間はウイルスによって異なり、インフルエンザウイルスは1～3日、風疹は平均16～18日、C型肝炎は2週間～6カ月などとほぼ決まっています。インフルエンザウイルスは増殖のスピードが速く、24時間で100万倍になるともいわれています。体内で数千万個に達すると症状が出始めるとされていて、潜伏期間が短いのです。エイズ（後天性免疫不全症候群）を発症するHIVは逆に潜伏期間がとても長く、平均10年といわれています。

・潜伏感染とは？

症状が出ないまま、ウイルスが体の中にかくれつづけることがあります。これを「潜伏感染」といいます。

子どものころに水ぼうそう（水痘）にかかった人が成長してから、「帯状疱疹」という、帯状に赤いぶつぶつや水ぶくれができる病気になることがあります。水ぼうそうのウイルスが、水ぼうそうを発症したのち潜伏し、疲れやストレスなどで免疫が低下したときにふたたび活性化して、帯状疱疹として発症するのです。

水ぼうそうウイルスは「ヘルペスウイルス」の一種ですが、ヘルペスウイルスは体の表面で増殖したのち、一生潜伏（潜伏感染）します。

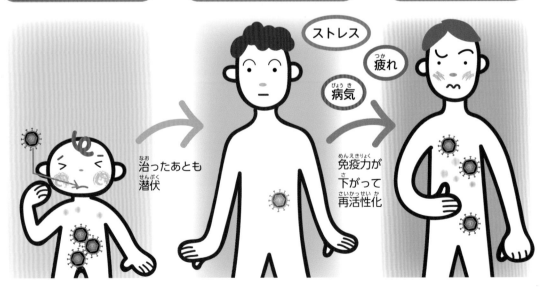

水ぼうそう（水痘） 　潜伏感染（症状なし） 　帯状疱疹を発症

治ったあとも潜伏

ストレス
疲れ
病気

免疫力が下がって再活性化

第2章

ウイルスと感染症

感染症とは？

病原体が原因でかかる

人間がかかる病気にはいろいろな種類があります。病気になる原因も、生活習慣や栄養不足、アレルギー、遺伝子の異常、ケガ、毒物などさまざまです。

外から体に入りこんだ病原体が原因で症状が引き起こされる病気も多く、これを「感染症」とよんでいます。

「かぜ」と診断される病気（「普通感冒*」といいます）も感染症です。

感染症を起こす細菌

病原体は、おもにウイルス、細菌、真菌、寄生虫などに分けられます。なかでも感染症の原因の多くは、ウイルスと細菌です。ウイルスと細菌のちがいについてはふれました（→14ページ）。

感染症を起こす細菌には、食中毒を起こすカンピロバクターやサルモネラ菌、胃潰瘍や胃がんの原因になるピロリ菌、百日咳を起こす百日咳菌、肺炎を起こす肺炎球菌、結核を起こす結核菌、コレラを起こすコレラ菌などがあります。

解説　普通感冒

普通感冒とは、鼻から喉にかけての「上気道」に、急性の炎症が起こる病気のこと。原因の病原体のうち、80〜90％がウイルスといわれている。なかでもライノウイルス、コロナウイルスが多い。

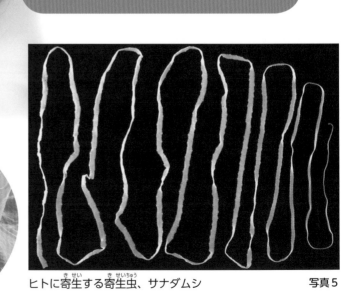

食中毒の原因となる
サルモネラ菌　写真4

ヒトに寄生する寄生虫、サナダムシ　写真5

真菌と寄生虫

真菌はカビの仲間です。「菌」という字がつくので細菌の仲間だと思われがちですが、細胞の構造はまったく異なり、細菌は原核生物で、真菌はわたしたちヒトと同じ「真核生物」（→52ページ）の仲間です。

真菌が原因の感染症には水虫（白癬）や、呼吸器の病気の一種であるアスペルギルス症などがあります。寄生虫も病原体の一種です。寄生虫とは、生物の体内や体表にすみついて生きている、つまり寄生している動物です。数μmのものから、サナダムシのように、成長すると数mになるものまで大きさはさまざまです。

第2次世界大戦以前は日本人の多くが、腹痛や下痢などの症状を引き起こすことのある回虫という寄生虫に感染していました。

最近では、魚を生で食べたことでアニサキスという寄生虫に感染し、食中毒を起こす例が、日本でも多く起こっています。

世界では、蚊にさされることで「マラリア原虫」という寄生虫に感染して発症するマラリアが知られています。熱帯・亜熱帯地域で多く発生し、毎年2億人以上が感染、40万人以上が死亡している恐ろしい感染症です。日本にはマラリア原虫は存在しませんが、毎年何人かが海外で感染し、帰国後に治療を受けています。

免疫の力が負けると発症する

いずれの感染症も、病原体が体に入って増殖したり、毒素などを出したりすることで発症します。このとき、人間のほうも免疫の力で体を守ろうとがんばりますが（→33ページ）、病原体の力に負けると症状を発し、病気となるのです。

もっと知りたい！

●ばい菌、雑菌、菌類とは？

「ばい菌」や「雑菌」という言葉をよく聞きますね。また、キノコのことを「菌類」といいます。

それでは、「ばい菌」「雑菌」「細菌」「菌類」は、それぞれどうちがうのでしょうか。

まず、「ばい菌」と「雑菌」についてですが、生物学では「細菌」といい、「ばい菌」「雑菌」という言葉は使いません。

国語辞典（小学館『例解学習国語辞典』）では、「ばい菌」は「ものをくさらせたり、

菌類（真菌類）のカビ

病気のもとになったりする、有害な細菌」、「雑菌」は「いろいろな細菌」となっています。「ばい菌」のほうが悪者の菌を意味するようです。

キノコも菌類（真菌類）

「菌類」は、広い意味では細菌などの微生物をふくむことがありますが、生物学では上記の「真菌類」のことをさします。すなわちキノコやカビ、酵母などのことで、ヒトと同じ「真核生物」に属します（→52ページ）。

感染症を引き起こすウイルス

ウイルスを病原体とする感染症

次に、ウイルスを病原体とする感染症と、そのウイルスについて見ていきましょう。

ウイルスは、DNAをもつDNAウイルスとRNAをもつRNAウイルスに分けられることを紹介しましたが（→16ページ）、ここでも、DNAウイルスによる感染症とRNAウイルスによる感染症に分けて見てみましょう。

DNAウイルスによる感染症

DNAウイルスの代表的なものには天然痘ウイルス、ヘルペスウイルス、アデノウイルス、ヒトパピローマウイルスなどがあります。

天然痘ウイルスはすでに根絶しましたが、これについては、34ページでくわしく解説します。

ヘルペスウイルスは、ヒトに感染するものだけで8種類知られており、そのうちの水痘・帯状疱疹ウイルスは、水ぼうそう（水痘）を引き起こしたのち、潜伏感染し、帯状疱疹を起こすことがあります（→24ページ）。

アデノウイルスには50種類以上の型があり、夏にプールを介して流行することがある「プール熱」の原因になるほか、多様な感染症の原因となっています。

ヒトパピローマウイルスは百数十種類の型があり、その1つは子宮頸がんの原因になります。

RNAウイルスによる感染症

RNAウイルスの代表的なものには、インフルエンザウイルス、コロナウイルス、ノロウイルス、HIV（ヒト免疫不全ウイルス）などがあります。

インフルエンザは、毎年寒い時期になると流行します。インフルエンザウイルスが毎年少しずつ変異して、新しいインフルエンザが流行するのです（→36、40ページ）。

コロナウイルスもRNAウイルスです。ヒトに感染するコロナウイルスは7種類見つかっていて、そのうち4種類は、一般のかぜの原因の一部をしめています。重症肺炎まで症状が進むコロナウイルスは3種類。2019年12月から猛威をふるっている新型コロナウイルス（SARSコロナウイルス2）はその1つです（→38ページ）。

エイズ（後天性免疫不全症候群）を発症するHIVもRNAウイルスです。

おもなDNAウイルス

天然痘ウイルス
（すでに撲滅）
- ●感染ルート
  飛沫感染・接触感染など
- ●感染症名［症状］
  天然痘［高熱、頭痛、発疹など］

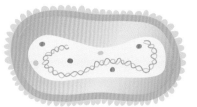

ヘルペスウイルス3型（水痘・帯状疱疹ウイルス）
- ●感染ルート
  飛沫感染・空気感染・接触感染・母子感染
- ●感染症名［症状］
  水ぼうそうなど［発熱・発疹など］

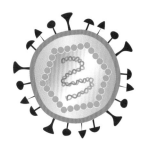

アデノウイルス
- ●感染ルート
  プール熱はプールの水を介して感染
- ●感染症名［症状］
  プール熱など［喉の痛み、結膜炎など］

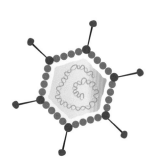

ヒトパピローマウイルス
- ●感染ルート
  性行為など
- ●感染症名［症状］
  子宮頸がんなど［不正出血、下腹部の痛みなど］

おもなRNAウイルス

インフルエンザウイルス
- ●感染ルート
  おもに飛沫感染
- ●感染症名［症状］
  インフルエンザ［38度をこえる発熱、全身のだるさなど］

コロナウイルス
- ●感染ルート
  おもに飛沫感染・接触感染
- ●感染症名［症状］
  新型コロナウイルス感染症など［発熱、息苦しさ、強いだるさなど］

ノロウイルス
- ●感染ルート
  おもに経口感染
- ●感染症名［症状］
  ノロウイルス感染症［はき気、嘔吐、下痢、腹痛など］

HIV（ヒト免疫不全ウイルス）
- ●感染ルート
  性行為など
- ●感染症名［症状］
  エイズ（後天性免疫不全症候群）［さまざまな感染症］

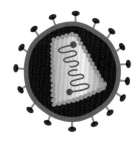

どう感染するのか？

垂直感染と水平感染

感染症は、病原体が体に入りこんで引き起こされる病気で、病原体が体に入りこむことを「感染」といいます。感染はどのようにして起こるのでしょうか。大きく分けて「垂直感染」と「水平感染」があります。

「垂直感染」は、一般的に「母子感染*」といわれ、赤ちゃんがお母さんのお腹の中にいるとき（胎盤）や、赤ちゃんが生まれるとき（産道）、授乳時（母乳）に感染します。

「水平感染」は、空気やものを介したり、直接さわったり、咳などによる飛沫（しぶき）を吸いこんだりすることで感染することをいいます。

水平感染の5つのルート

水平感染には、おもに5つの感染ルートがあります。

●接触による感染

ものにさわることを「接触」といいます。何かにさわり、病原体がついた手で口や鼻、目などにふれ、病原体が体の粘膜について感染することを「接触感染」といいます。

ドアノブやスイッチ、手すり、電車やバスのつり革、人が使ったタオル、プールの水、土、動物など、さまざまなものにさわることで接触感染は起こります。

●飛沫による感染

感染している人のくしゃみや咳などによって出る飛沫を、別の人が口や鼻から吸いこむことによる感染を「飛沫感染」といいます。

くしゃみや咳による飛沫は、少なくとも半径およそ2mの範囲まで飛び散るといわれています。学校や職場、飲食店など、人が多く集まる場所で起こりやすい感染です。

●空気による感染

飛沫にふくまれた病原体の中には、飛沫の水分が蒸発して乾燥したとき、ごく小さな「飛沫核」という粒になり、そのまま空気中をただようものがあります。この飛沫核を空気といっしょに吸いこむことで感染するのが「空気感染」です。

●口から体内に入る感染

病原体が食べ物などとともに口から体内に入って感染することを「経口感染」といいます。病原体に汚染された食べ物を、生または不十分な加熱で食べた場合や、病原体のついた手で調理した食品を食べた場合などに起こります。

●動物の媒介による感染

媒介とは「間に入ってなかだちをする」ことです。感染している蚊、ハエ、ダニ、ノミなどに人がさされることで感染することがあります。

解説　母子感染

母子感染するウイルスには、B型肝炎ウイルス、HIV、水痘・帯状疱疹ウイルス、風疹ウイルスなどがある。

水平感染の5つのルート

◎ 接触による感染

握手をした手や、ドアノブ、スイッチ、便座などにふれた手で目や口をさわる。

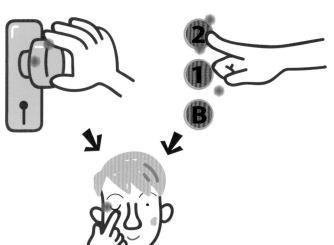

◎ 空気による感染

飛沫の水分が蒸発した小さな飛沫核を吸いこむ。
飛沫核は長いあいだ空気中をただよう。

◎ 飛沫による感染

くしゃみや咳などによって出る飛沫を吸いこむ。
2mの範囲まで飛び散る。

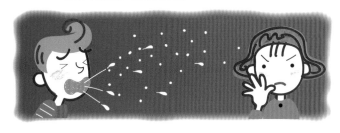

◎ 口から体内に入る感染

二枚貝などを加熱不十分で食べる。

川から海へ

感染

トイレから下水へ

◎ 動物の媒介による感染

感染している蚊やノミ、ダニなどにさされる。

ウイルスが病気を引き起こすしくみ

ウイルスが細胞を破壊する

ウイルスに感染すると、なぜ病気になるのでしょうか。そのしくみを見ていきましょう。

細菌の中には、毒素によって病気を引き起こすものがあります。大腸菌のO157は、ベロ毒素という毒素を出してはげしい下痢や腹痛を引き起こします。

しかし、ウイルスは毒素はもっていません。宿主の体内に入りこんで増殖するだけです。

ウイルスが入りこんで増殖すると、細胞はたいてい死んでしまいます。ウイルスの侵入によって多くの細胞が死ぬと、組織は大きなダメージを受け、それがあるレベルをこえると、臓器などの組織が本来の役割をはたせなくなり、病気になるのです。

たとえば、C型肝炎ウイルスは、肝臓の細胞である肝細胞で増殖します。その結果、多くの肝細胞が破壊されて死んでしまい、肝炎を発症します。

ただし、わたしたちの体の中には、病原体を取りのぞこうとたたかう免疫システムがあります。ウイルスに感染しても、免疫システムがウイルスに打ち勝てば、症状が出ることはなく、病気にならずにすみます。

免疫システムによって症状が出る

免疫システムのはたらきが、病気の症状となって現れることも多くあります。かぜ（普通感冒→26ページ）の原因となるライノウイルスの例を見てみましょう。

ライノウイルスがねらうのは、上気道といわれる鼻から喉にかけての粘膜で、ウイルスはここで増殖します。

ウイルスが侵入して増殖すると、体はウイルスの増殖を防ぐためのたたかいを始めます。まず、免疫にかかわる白血球などの細胞が集まりやすいように、血管を広げます。すると血液量が増えて喉などが赤くなり、体全体が熱をもちます。このとき、喉が腫れ、痛みをともなうのです。

かぜで喉が痛くなるのは、体を守ろうとする反応なのです。

鼻水やくしゃみといった症状も現れます。これは、喉や鼻粘膜についたウイルスを排除しようとするはたらきです。発熱も、熱に弱いウイルスとたたかうための免疫反応です。

くしゃみや発熱も免疫反応

免疫システムが負けるとき

ライノウイルスによるかぜの症状は、こうした免疫のはたらきによって、たいていは改善して治癒します。症状が出る前に、免疫の力が勝って終わることもあります。しかし、インフルエンザウイルスや新型コロナウイルスなどでは、重症化したり死にいたったりすることもあります。それはどんな場合なのでしょうか。

強力なウイルスの場合、免疫力の弱い人は負けることが多くなります。また、体に入ったウイルスが少量なら発症することはまれですが、大量のウイルスを浴びると、発症率も重症化率も高くなります。

ウイルスの強さと量、それに対する免疫力の強さによって、病気が発症するか、さらに重症化するかが決まってくるのです。

もっと知りたい！ ●サイトカインストームとは？

体を守るはずの免疫反応が過剰にはたらいて、障害を起こすことがあります。サイトカインという、免疫細胞を活性化したりよび集めたりする重要なタンパク質が異常に出すぎて、正常な細胞まで攻撃してしまうような場合です。「サイトカインストーム」とよばれる現象で、これが起こると重症化したり、死亡したりすることがあります。新型コロナウイルス感染症では、高齢者や持病のある人に、この現象がたびたび見られるといわれています。

もっと知りたい！ ●免疫のしくみ

免疫には「自然免疫」と「獲得免疫」があります。

自然免疫とは、ヒトなどの動物が生まれつきもっている免疫のことで、ウイルスや細菌などの病原体が体に入ってくると、これを排除しようと、病原体を食べる白血球（「マクロファージ」や「好中球」など）がまっ先にかけつけて、やっつけてくれます。

獲得免疫は、自然免疫で防げなかった場合にはたらきます。はしか（麻疹）に一度かかった人は、二度はかかりません。これははしかにかかったときに、次にはしかにかかったら攻撃する「抗体」をつくるからです。そのシステムは複雑ですが、特別な細胞がはしかウイルスを記憶していて、二度目にはしかウイルスが侵入してきたときに、すばやく攻撃するのです。

自然免疫	獲得免疫

樹状細胞
好中球
マクロファージ
ＮＫ細胞
攻撃
病原体など
異物の侵入を伝える。
キラーT細胞
ヘルパーT細胞
B細胞
攻撃
抗体

天然痘ウイルスとのたたかい

古代エジプト時代にもあった

長い歴史の中で、人類を最も苦しめてきた感染症は天然痘です。1980年に根絶されるまで、世界中で流行を繰り返していました。

天然痘は、高い熱が出て体に発疹（膿疱）ができる病気です。死亡率が高く、死にいたらなくても顔や体にひどい痘痕が残るので、長いあいだ恐れられていました。紀元前から流行していたと見られ、古代エジプトの王（ファラオ）のミイラにも、天然痘にかかった痕が見つかっています。

日本でも奈良時代のころから

日本には、6世紀ごろ、中国・朝鮮半島からの渡来人によって天然痘がもたらされたという説があります。記録に残っているのは、奈良時代の735〜737年に大流行したというものです。奈良の大仏は、当時、猛威をふるった天然痘の流行を早く終わらせ、国を安定させたいという願いもあって、建てられたといわれています。

戦国時代の武将、伊達政宗が右目を失明したのも、天然痘が原因とされています。

ヨーロッパでは、2世紀のころ、古代ローマ帝国で疫病が流行し、何百万人もが命を落としたとされていますが、これも天然痘だったのではないかと考えられています。

その後、12世紀にヨーロッパに天然痘ウイルスがもちこまれてから、流行を繰り返し定着していきます。やがてヨーロッパでも日本でも、だれもがかかる病気となったのです。

天然痘にかかると体中に膿疱ができ、治ったとしても顔や体に痕が残った。　写真6

インカ帝国がほろんだ

しかし、コロンブスが到達する15世紀末まで、ヨーロッパと行き来のなかった南北アメリカ大陸に、天然痘ウイルスがもちこまれることはありませんでした。

現在のペルー、ボリビア、エクアドルにまたがって存在していた、マチュピチュで知られるインカ帝国は、1533年、たった168人の部隊によってほろぼされました。スペイン軍がもちこんだ天然痘が、免疫をまったくもっていなかった人々にあっという間に広まったからだとされます。

さらに、現在のメキシコにあったアステカ帝国も、天然痘の爆発的な流行が滅亡の一因となったとされています。

インカ帝国の滅亡は天然痘の流行が要因となったとされる。写真はインカ帝国の遺跡、マチュピチュ。

ワクチンの開発

18世紀に、アジアで古くからおこなわれていた「人痘法」という治療法が、ヨーロッパに紹介されました。これは、天然痘にかかった人のうみの一部をかかっていない人に接種するという方法で、安全性には問題がありました（→42ページ）。

18世紀の終わりに、イギリスの医学者ジェンナーが「種痘」というワクチンを発明しました。天然痘に似ているものの、天然痘より症状の軽い、牛痘という病気にかかった人のうみを注射して、天然痘の抗体（→33ページ）をつくるというものです。種痘は安全性が高く、その後、世界に普及しました（→42ページ）。

ジェンナー

天然痘の根絶

日本では、江戸時代の後期に、蘭学者で医者の緒方洪庵が種痘を広めます。

明治時代には2万～7万人程度の患者が発生する流行が6回起こりましたが、明治時代末の1909年からは種痘の接種が義務化されました。

そして、日本では天然痘にかかる人はいなくなり、1976年に種痘の接種が中止されます。1980年には、ついに世界で「根絶宣言」がなされました。

それ以降、天然痘の患者は世界中で1人も発生していません。

緒方洪庵

もっと知りたい！

●過去のパンデミック

ある感染症が世界的に大流行することが「パンデミック」です。

長い歴史の中では、天然痘のほかにもさまざまな感染症によって、何度か大きなパンデミックが起こりました。そのいくつかを紹介します。

・ペスト

14世紀にヨーロッパで大流行した細菌性の感染症。皮膚が黒くなる症状から黒死病ともよばれました。人口の3分の1から5分の1が亡くなったといわれています。農村の人口が大きく減ったことで、領主に対する農民の力が強くなり、強制労働から解放されたといわれています。

・コレラ

はげしい下痢や嘔吐を起こす細菌性の感染症で、19世紀に6回にわたって流行しました。日本でも江戸時代に何度か流行し、コロリと死んでしまうことから「虎狼狸※（コロリ）」と恐れられました。

・インフルエンザ

1918年に世界で流行し、約5億人もが感染したとされるスペインかぜをはじめ、何度かのパンデミックがありました（→36ページ）。

・新型コロナウイルス感染症

2020年3月、WHO（世界保健機関）は、新型コロナウイルス感染症（COVID-19）が「パンデミック」であると表明しました。

※虎（トラ）、狼（オオカミ）、狸（タヌキ）がいっしょになった姿をした妖怪で、病気の根源とされていた。

インフルエンザの大流行

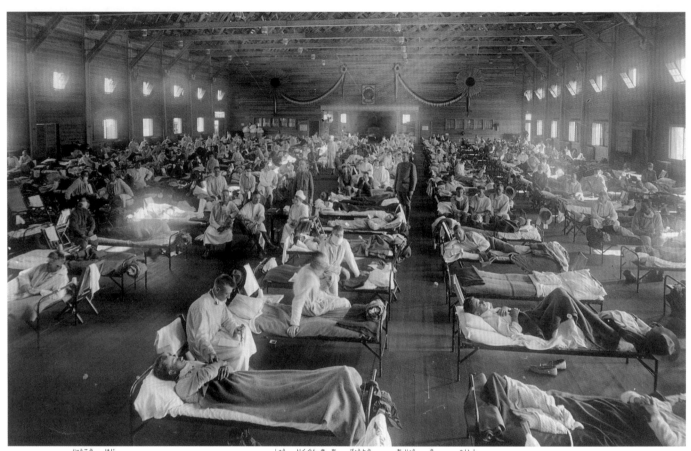

スペインかぜ流行の始まりとなったアメリカ・カンザス州の陸軍基地の病棟で、治療を受ける兵士たち。

4000万人以上の死者を出したスペインかぜ

　天然痘のほかにも、人類が長くたたかってきたウイルスは多くあります。その代表的なものが、いまでも毎年、世界で流行するインフルエンザのウイルスです。

　インフルエンザは毎年のように型を変えて流行しますが（→40ページ）、20世紀で最も多数の被害者を出したのは、1918年から翌年にかけて世界的に流行したインフルエンザ、スペインかぜ*です。

　スペインかぜには、世界で約5億人が感染し、死者数は4000万～5000万人、一説には1億人だったともいわれています。

　第1次世界大戦中、3波にわたり全世界をおそいました。ウイルスがどこで発生したかははっきりしていませんが、第1波の流行はアメリカで起こりました。アメリカ軍とともにヨーロッパにわたり、両軍の兵士に多数の死者を出して戦争の終結を早めたといわれています。

　日本でも、当時の人口の約4割（約2300万人）が感染し、約38万人が死亡したとされています。

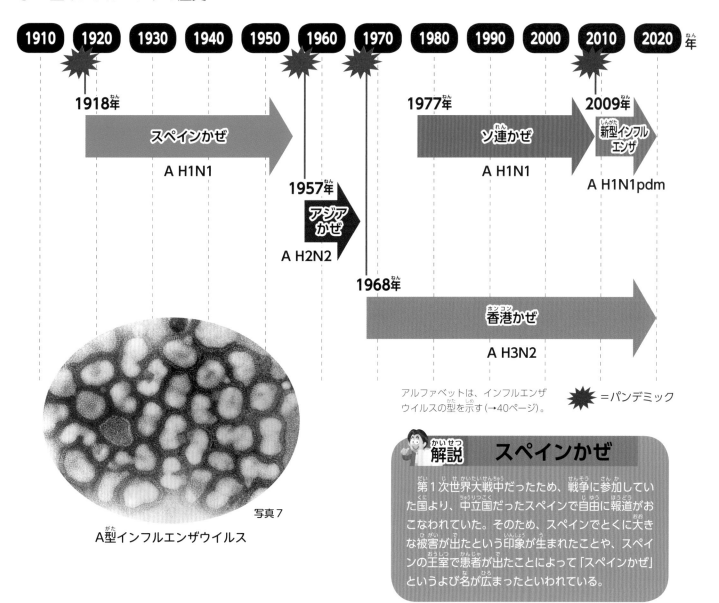

● A型インフルエンザの歴史

1910 1920 1930 1940 1950 1960 1970 1980 1990 2000 2010 2020 年

1918年
スペインかぜ
A H1N1

1957年
アジアかぜ
A H2N2

1968年
香港かぜ
A H3N2

1977年
ソ連かぜ
A H1N1

2009年
新型インフルエンザ
A H1N1pdm

アルファベットは、インフルエンザウイルスの型を示す(→40ページ)。

✦ =パンデミック

写真7
A型インフルエンザウイルス

解説　スペインかぜ
　第1次世界大戦中だったため、戦争に参加していた国より、中立国だったスペインで自由に報道がおこなわれていた。そのため、スペインでとくに大きな被害が出たという印象が生まれたことや、スペインの王室で患者が出たことによって「スペインかぜ」というよび名が広まったといわれている。

アジアかぜ、香港かぜ

　1957年には、アジアかぜといわれるインフルエンザが中国南西部で出現し、香港で流行、アジア一帯、オーストラリア、さらにアメリカ、ヨーロッパなど世界へ広まりました。日本では、小・中学生が多く感染しました。

　1968年6月には、香港かぜとよばれる新型インフルエンザが香港で発生。日本にも7月中に上陸し、アジア、ヨーロッパ、アメリカに広まりました。日本でも約13万人が感染し、約1000人

が死亡したといいます。香港かぜは、いまも季節性インフルエンザとして変異を繰り返しながら、毎年流行しています。

2009年の新型インフルエンザ

　2009年4月には、メキシコやアメリカで新型インフルエンザの流行が発生し、世界へ広がりました。5月には、日本でも患者が発生し、大阪などで学校を休校にしたものの、1年間で約2000万人が感染しました。ただ毒性は弱く、国内の死者数は約200人にとどまりました。

コロナウイルス感染症の大流行

かぜのウイルスの一種

一般に「かぜ」と診断される病気の1つがコロナウイルス感染症です。コロナウイルスはRNAウイルス（→28ページ）で、ヒトに感染する7種類のうち、4種類がかぜの原因となるウイルスです。コロナウイルスは、2000年以降、世界的な流行が3回ありました。それがコロナウイルスの残りの3種類であるSARSコロナウイルス、MERSコロナウイルス、SARSコロナウイルス2（新型コロナウイルス）です。

2002年に流行したSARS

SARSコロナウイルスが病原体のSARS（重症急性呼吸器症候群）は、2002年後半に中国で発生し、アジア、カナダを中心に世界的な流行となりました。2003年7月の終息宣言までに774人の死者が出ています。

日本では、疑わしい例が報告されていたもののすべて否定され、感染者はゼロでした。飛沫感染がおもて、発熱、頭痛、悪寒、筋肉痛の後に咳が出て、呼吸困難におちいることがあります。

アラビア半島で流行したMERS

MERSコロナウイルスが病原体のMERS（中東呼吸器症候群）は、2012年にアラビア半島の国々を中心として発生しました。その後、ヨーロッパ、アフリカ、アジア、アメリカなどにも感染が拡大しましたが、日本では発生していません。

ヒトコブラクダが感染源の1つであると推定されています。症状は発熱、咳、息切れなどで、下痢をともなう場合もあります。恐ろしいのは、感染者の約3分の1が死にいたることです。

新型コロナウイルス感染症

そして、3つめが2019年12月から世界で猛威をふるっているSARSコロナウイルス2が病原体の新型コロナウイルス感染症（COVID-19）です。中国から始まり、ヨーロッパやアメリカなど世界中に感染が広がり、2020年8月下旬に死者は82万人をこえました。

発熱や咳、強いだるさなどがおもな症状で、重症化すると肺炎を発症します。

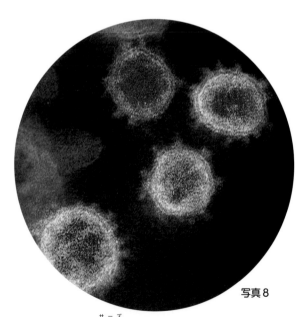

写真8
SARSコロナウイルス2
（新型コロナウイルス）

● 世界の新型コロナウイルス感染症の流行の状況

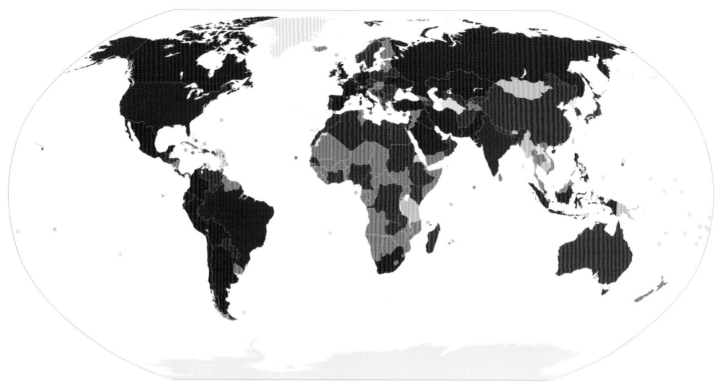

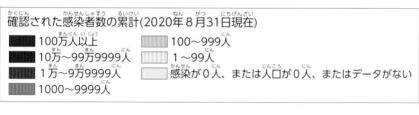

確認された感染者数の累計(2020年8月31日現在)

■ 100万人以上	▨ 100〜999人
▨ 10万〜99万9999人	▨ 1〜99人
▨ 1万〜9万9999人	□ 感染が0人、または人口が0人、またはデータがない
▨ 1000〜9999人	

● 新型コロナウイルス感染症の国別死者数 （2020年8月30日まで)

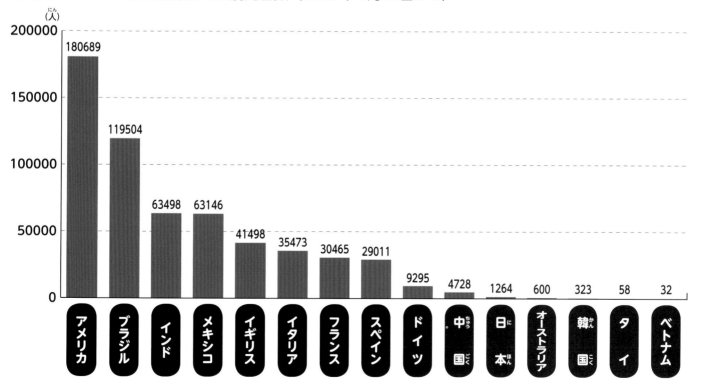

(人)

国	死者数
アメリカ	180689
ブラジル	119504
インド	63498
メキシコ	63146
イギリス	41498
イタリア	35473
フランス	30465
スペイン	29011
ドイツ	9295
中国	4728
日本	1264
オーストラリア	600
韓国	323
タイ	58
ベトナム	32

Coronavirus disease (COVID-19)：Weekly Epidemiological Update,30 August 2020（WHO）より作成。

なぜ毎年流行するウイルスがある？

A型、B型、C型にさらに亜型がある

インフルエンザウイルスは、A型、B型、C型に大きく分類されます。このうち、大きな流行の原因となるのはA型とB型です。インフルエンザウイルスの表面には、タンパク質の突起が出ています。A型とB型のインフルエンザウイルスにはヘマグルチニン（HA）とノイラミニダーゼ（NA）の2種類の突起があり、ウイルスが感染するときに重要な役割をはたしています。

A型では、この突起の種類によって、H1N1、H3N2、H1N1pdmなど、さらに型が分かれます。これを「亜型*1」とよんでいます。

新しい亜型が出現

インフルエンザウイルスでは、数年から数十年ごとに、ヒトに感染する新しい亜型のウイルスが出現します。ブタなどの細胞に、ちがう亜型のウイルスが同時に感染し、ちがうRNAが1つの細胞の中で混じって交換され、新しい亜型のウイルスが生まれるためです。

このような大きな変異があると、ヒトは抗体をもっていないので、大きな流行となります。

毎年のようにマイナーチェンジが

新しい亜型のインフルエンザウイルスの出現をフルモデルチェンジとすると、マイナーチェンジもあります。同じ亜型の中でも、ウイルスの2種類の突起の部分で、毎年のように小さな変異が起こっているのです。

インフルエンザウイルスはRNAウイルスですが、RNAの複製をする際に複製ミス（塩基配列の読みまちがい）を起こしやすいことが原因の1つです。RNAの複製にかかわる酵素の「RNAポリメラーゼ*2」の性質によります。

毎年、少しだけ変化した新しいタイプのウイルスが登場するので、インフルエンザは毎年のように流行し、何度もかかってしまう人がいるのです。

● RNAの交換

ちがう亜型のウイルス

RNA

同じ細胞に感染。ちがうRNAが細胞の中で混じりあう。

RNAが交換され、新しい亜型のウイルスが生まれる。

● インフルエンザウイルスの突起

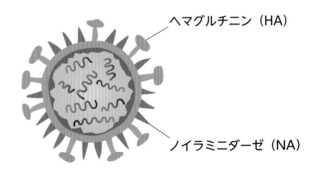

ヘマグルチニン（HA）

ノイラミニダーゼ（NA）

●インフルエンザの 始まりは鳥だった

日本など北半球では、冬になると流行するインフルエンザ。このウイルスはどこからやってくるのでしょうか。

インフルエンザウイルスは、もともと足に水かきのあるカモなどの水鳥を宿主としています。A型インフルエンザウイルスだけで144種類ものタイプ（亜型）があり、水鳥はすべてのウイルスに感染します。といっても、水鳥が発病することはありません。

インフルエンザウイルスは、シベリアやアラスカ、カナダなどの北極の近くで、凍りついた湖や沼の中にいるという説が有力です。カモなどのわたり鳥が春になって南からもどってくると、ウイルスはこの水鳥たちに感染して増殖すると考えられています。水鳥たちはこのウイルスを、秋になって南にわたるときに運んでいくのです。

ただし、水鳥のウイルスからヒトに直接感染するわけではありません。いったんニワトリやアヒルなどの家畜に感染し、それがさらにブタに感染します。そして、ブタの細胞の中でヒトに感染する型が生まれ、これがヒトに感染すると考えられています。

・ウイルスと宿主の平和的な共生

水鳥がインフルエンザウイルスに感染しても病気にならないのは、何百万年ものあいだに、平和的に共生するようになったためと考えられています。ウイルスも宿主が死んでしまっては自分も増殖できなくなり困るので、共生をめざすのです。

ほかにも、エボラウイルスの宿主であるコウモリは、病気を発症することなく、共存しています。

シベリアの湖で夏を過ごすカモたち。

解説1 亜型

A型の亜型であるH1N1は、スペインかぜの型で「Aソ連型」とよばれていたが、現在ではほとんど姿を消している。H3N2は「A香港型」とよばれ、1968年から流行した香港かぜの型。H1N1pdmは2009年に発生した、日本で新型インフルエンザとよばれたもの。

解説2 RNAポリメラーゼ

RNAの複製をつくる際にはたらく酵素。DNAの複製をつくる際にはたらく酵素のDNAポリメラーゼは、複製ミスを修復する機能をもっているが、RNAポリメラーゼは修復機能をもっていない。わたしたち生物が転写（→23ページ）の際に用いるのもRNAポリメラーゼであるが、その種類は異なる。

ウイルスとワクチン

ワクチンのしくみ

わたしたちの体には、一度感染した病原体が、再び入ってきても、病気にならないようにするしくみ（獲得免疫）があります（→33ページ）。入ってきた病原体を覚えていて、二度目に体に侵入してきたときに撃退してくれるのです。

このしくみを利用したものがワクチンです。病原体であるウイルスや細菌を体内に注入し、あらかじめ病原体に対する抗体を準備しておき、病気になりにくくするというものです。自然に感染した場合のように、実際にその病気を発症させるのではなく、病原体の病原性を弱めたり、なくしたりして安全性を高めてから接種します。

実際に感染症にかかるよりも重症化するリスクが低いうえ、まわりの人にうつすことがないという利点もあります。

ワクチンの発明

人類は、長いあいだ天然痘ウイルスとたたかってきました（→34ページ）。

アジアでは、古くから「人痘法」がおこなわれていました。これは、天然痘にかかった人のうみの一部をかかっていない人に接種するというもので、重症化することもあり、リスクが大きい方法でした。

その後、イギリスのジェンナーが初めてワクチンを考えました。軽い水ぶくれのできる牛痘という病気にかかった人のうみを注射して、天然痘の抗体をつくるという方法です。ウシの乳しぼりをして牛痘にかかった女性は天然痘にかかりにくいと知ったことがきっかけでした。

「種痘*」とよばれた牛痘ワクチンは、その後しだいに改良され、世界に普及します。

解説　種痘

ジェンナーが種痘に使っていたウイルスは、牛痘ウイルスではなく、たまたま牛が感染していた別のウイルスだったことがのちにわかった。そのウイルスは、ワクシニアウイルスと命名された。

◉ 自然感染とワクチンのちがい

●重症化するリスク　高い
●他人への感染　しやすい
●免疫の力　強い

●重症化するリスク　低い
●他人への感染　しない
●免疫の力　自然感染よりは弱い

ワクチンの歴史

　その後、狂犬病のワクチンを開発したフランスの生化学者パスツール、結核菌ワクチン「ツベルクリン※」をつくりだしたドイツの細菌学者コッホによって予防接種の基礎がきずかれました。

　とくにパスツールは、微生物が病気の原因になることを発見し、「微生物の毒性を弱めたものを人工的につくりだして、それをワクチンにする」

※予防効果がなかったため、診断用として使用された。

という、ワクチンの原理を生み出しました。
　1980年には、長年人類を苦しめてきた天然痘を「地球上から根絶できた」との宣言が、ついにWHO（世界保健機関）によって出されました。天然痘は、人類がたたかいに打ち勝った、最初で、ただ１つの感染症となりました。
　現在でははしか（麻疹）、インフルエンザなど30種類以上のワクチンがあります。

◉ 日本で受けられる予防接種（ワクチンで防げる病気）

定期接種	ジフテリア、破傷風、百日咳、ポリオ（急性灰白髄炎）、水ぼうそう（水痘）、結核[BCG]、日本脳炎、Hib感染症、はしか（麻疹）、風疹、肺炎球菌感染症（小児）、ヒトパピローマウイルス感染症[HPVワクチン]、B型肝炎
任意接種	おたふくかぜ、インフルエンザ、ロタウイルス、A型肝炎、髄膜炎菌

[　]はワクチン名。
定期接種：市区町村が主体となっておこなう。任意接種：希望者が受ける。

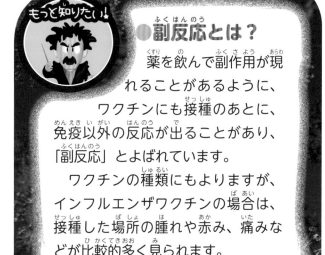

もっと知りたい！

◉副反応とは？

　薬を飲んで副作用が現れることがあるように、ワクチンにも接種のあとに、免疫以外の反応が出ることがあり、「副反応」とよばれています。
　ワクチンの種類にもよりますが、インフルエンザワクチンの場合は、接種した場所の腫れや赤み、痛みなどが比較的多く見られます。

ワクチンは こうしてつくられる

・ニワトリの卵で増殖させる

ワクチンは、感染の原因となるウイルスや細菌をもとにつくられます。成分のちがいにより、おもに「生ワクチン」と「不活化ワクチン」があります。

①生ワクチン

病原性を、症状が出ない程度にまで弱めた病原体をワクチンにする方法です。数代、数十代、病原体によっては数百代も培養を続けることによって、病原性を弱めていきます。はしか（麻疹）、水ぼうそう（水痘）、おたふくかぜなどのワクチンに用いられています。

②不活化ワクチン

病原体となるウイルスや細菌の感染する能力を失わせてワクチンとして用いるのが、不活化ワクチンです。ジフテリア、ポリオ、インフルエンザなどのワクチンに用いられています。

ここでは、おもにインフルエンザワクチンに用いられるふ化鶏卵培養による不活化ワクチンの製造方法を紹介しましょう。

・毎年、数千万個の卵が必要に

この方法は、産卵後10〜12日間発育させたニワトリの卵（有精卵）にインフルエンザウイルスを注入して、ウイルスを増殖させる方法です。しょう尿膜という膜の内側に注入し、3〜4日温めたのち、しょう尿膜の中のしょう尿液を取り出します。そこにふくまれるウイルスを取り出し、薬剤でウイルスの感染力をなくし（不活化し）、安全性と効果をたしかめれば完成となります。

1人分のワクチンをつくるのに、卵を1〜2個使います。日本では毎年2500万〜3000万本製造しており、数千万個もの卵が必要になります。しかも、ふだん食べている卵とは異なり、オスとメスのニワトリを飼育して得られる卵なので、無精卵より手間がかかります。

製造には6〜9カ月かかります。

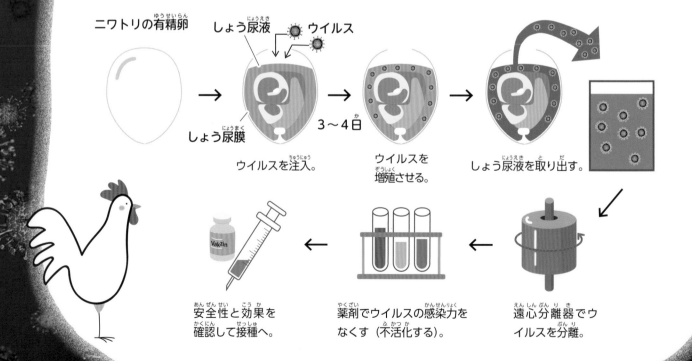

ニワトリの有精卵　しょう尿液　ウイルス

しょう尿膜

ウイルスを注入。

3〜4日

ウイルスを増殖させる。

しょう尿液を取り出す。

安全性と効果を確認して接種へ。

薬剤でウイルスの感染力をなくす（不活化する）。

遠心分離器でウイルスを分離。

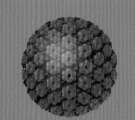

第3章
だい　しょう

ウイルスと
生物進化
せい　ぶっ　しん　か

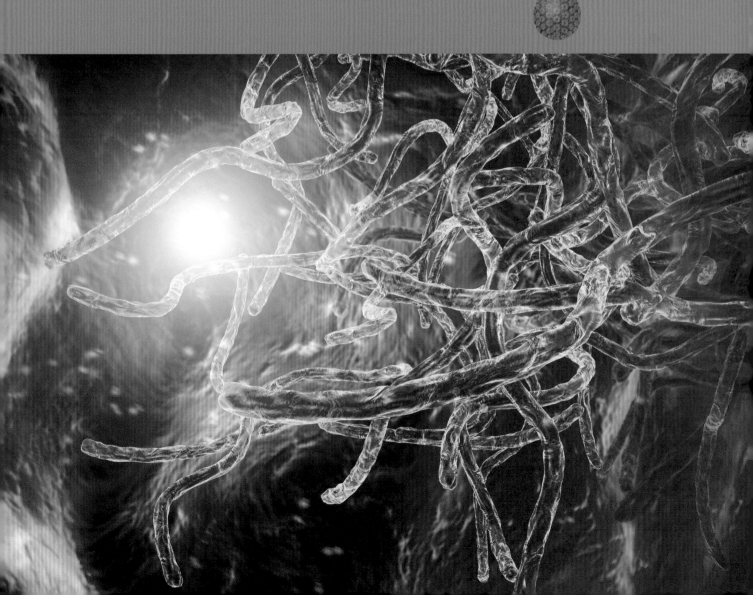

ウイルスはどのように誕生した？

ウイルス誕生の3つの仮説

ウイルスは最初、どのように地球上に誕生したのでしょうか。おもに3つの仮説が立てられています。

●もとは細胞だった説

1つめは、ウイルスはもともと細胞だったという説です。独立した細胞だったのが、何かのきっかけでウイルスに変化したのではないかというものです。

細胞がもっていたさまざまな小器官や機能を次々と捨てて、ほかの細胞のメカニズムを利用して子孫を増やすという最低限の要素だけを残したということになります。

細胞膜を捨て、

リボソームを捨て、

細胞にあったものを次々捨て、

ウイルス
必要最小限の要素だけを残した。

細胞

●「自己複製因子」説

2つめは、細菌がもっていた「自己複製因子」が飛び出してウイルスになったという説です。

細菌の中には、遺伝情報の本体であるDNAとは別の、輪っかになった、「プラスミド」というDNAをもっているものが多くあります。これは、自分で複製をつくっていくことができます。

植物の細胞に見られることのある「ウイロイド」というRNAも自己複製ができます。このような「自己複製因子」がウイルスに進化したのではないかという説です。

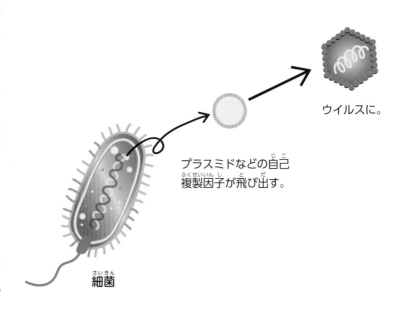

ウイルスに。

プラスミドなどの自己複製因子が飛び出す。

細菌

●ウイルスはこうして発見された

「細菌」が発見されたのは、1876年。ドイツの細菌学者コッホが、炭疽という病気を引き起こす炭疽菌を発見したのが最初でした。

そのとき、ウイルスはまだ発見されませんでした。細菌は顕微鏡で見えましたが、ウイルスはあまりに小さくて、当時の顕微鏡では見つけることができなかったのです。

天然痘のワクチンを開発したジェンナーも、狂犬病のワクチンを開発したパスツールも、ワクチンをつくったものの、原因が何なのかをつきとめることはできませんでした。

最初に発見されたウイルスは、植物のタバコの葉に病気を引き起こす「タバコモザイクウイルス」でした。1892年にロシアの微生物学者イワノフスキーが、この病気にかかった葉のしぼり汁を細菌を通さない「細菌ろ過器」でこした液に、まだ感染力があることを発見しました。ただ、このときは非常に小さい毒素だと考えられていました。

その後、オランダの微生物学者ベイエリンクが、タバコモザイクウイルスのろ過と感染を何代にもわたって繰り返し、感染力がおとろえないことを発見します。毒素であればしだいにうすまって消えていくはずで、「増殖する病原体」と考えました。

その後、動物でも、ウシなどがかかる口蹄疫という病気が「細菌ろ過器」を通過した病原体によって起こることを、ドイツの学者たちが発見します。

ウイルスの姿を見ることができるようになったのは、1932年にドイツで透過型電子顕微鏡が発明されてからです。さらに、顕微鏡や染色法などの技術の進歩により、しだいにウイルスの詳細な構造がわかるようになってきました。

●細胞とは別に生まれた説

以上の2つの説は、細胞からウイルスが生まれたとするものですが、3つめは、細胞（生物）とはまったく別個に生まれたとする説です。

地球の誕生が約46億年前、最初の生物の誕生が約38億年前といわれています。最初の生物が誕生したころは、自己複製するRNAの世界だったという仮説がありますが、そのような世界の中で、RNAがタンパク質の殻に包まれただけのウイルスが、独自に生まれたのではないかとする考え方です。

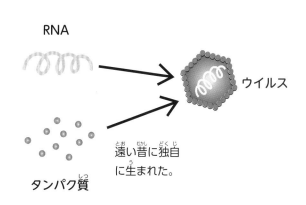

RNA

タンパク質

遠い昔に独自に生まれた。

ウイルス

以上の3つの仮説のほかに、こんな可能性も考えられます。当時の地球には、いまの「細胞」や「ウイルス」のどちらともいえない「どっちつかず」の状態のものがまず生まれ、そこからあるものはウイルスに、別のあるものは細胞になったという可能性です。

巨大ウイルスの発見

巨大なミミウイルス

2003年、フランスの研究者によって、それまでにない巨大なウイルスの存在が明らかにされました。このウイルスは、電子顕微鏡を使わなくても、光学顕微鏡で確認できるほど大きく、直径は、表面の毛をふくめると約0.75μmほど。小型の細菌であるマイコプラズマの2倍以上の大きさです。

最初にこのウイルスが確認されたのは、1992年のイギリスです。アメーバの中で見つけられたときは、あまりに大きいので細菌の一種だと考えられていました。2003年に、細菌を"まねている"（mimic）という意味で「ミミウイルス」と名づけられました。

ミミウイルスは、遺伝子の数も900をこえています。ウイルスの遺伝子はふつう数個から数十個くらいで、比較的大きいとされる天然痘ウイルスでも遺伝子の数は197個でした。細菌でもマイコプラズマの場合は680個です。ミミウイルスはその1.5倍ほどの遺伝子をもっているのです。

「翻訳」にかかわる遺伝子がある

さらに驚かされたことは、ミミウイルスはそれまでのウイルスにはなかった「翻訳」（→23ページ）にかかわる遺伝子の一部をもっていることです。

生物は「DNA→RNA→タンパク質」という流れで、遺伝情報からタンパク質をつくりますが（→22ページ）、その際に、「転写→翻訳」という機能が必要です。

ウイルスはこれをすべて自分でおこなう遺伝子をもっていないので、生物の細胞内の「転写→翻

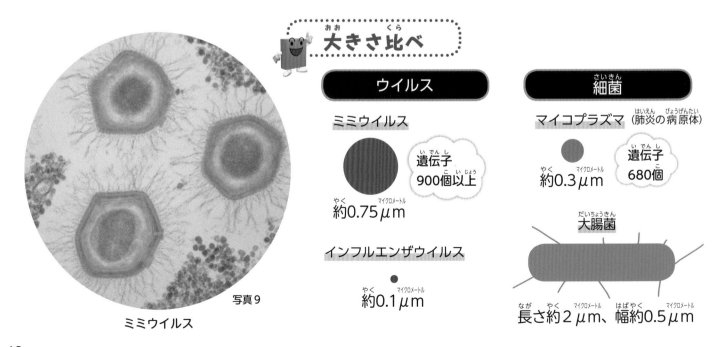

写真9

ミミウイルス

大きさ比べ

ウイルス

ミミウイルス

遺伝子 900個以上

約0.75μm

インフルエンザウイルス

約0.1μm

細菌

マイコプラズマ（肺炎の病原体）

約0.3μm

遺伝子 680個

大腸菌

長さ約2μm、幅約0.5μm

訳」のシステムを借りて、タンパク質の合成、すなわち増殖をおこなっています。

ほとんどのウイルスは「複製」の遺伝子だけはもっており、さらに「転写」用の遺伝子をもっているものも多くあります。

しかし、翻訳用の遺伝子をもっているものは見つかっていませんでした。翻訳システムをもっていることが、生物とウイルスを分ける最大の壁と考えられていたのです。

構造も細菌と似ている

ミミウイルスの発見ののち、次々と別の巨大ウイルスが発見されました。なかでも2013年に発見されたパンドラウイルスは、大きさがミミウイルスの2倍もあり、遺伝子の数は2500をこえています。

こうした巨大ウイルスのうちの多くが、翻訳システムの一部をもっています。

また、巨大ウイルスの多くが、細菌と似た構造をしていることがわかっています。

それは、DNAを脂質の二重の膜が包みこみ、それをさらにカプシドが包むという点です。

この構造は、DNAを細胞膜（脂質二重膜）が包み、その外側に細胞壁がある細菌の構造に似ています。

「ウイルス工場」をつくる

さらに、巨大ウイルスの中には、宿主の細胞に入りこんだときに「ウイルス工場」といえる、膜で囲んだスペースをつくるものがあります。

ウイルス工場とは、DNAを複製する場所で、これを細胞の核とは別の場所にもうけ、この中でウイルスのコピーをどんどん生産しているのです。

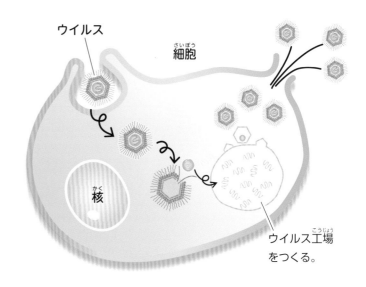

ウイルス
細胞
核
ウイルス工場をつくる。

◉ ミミウイルスの構造　　◉ 細菌の構造

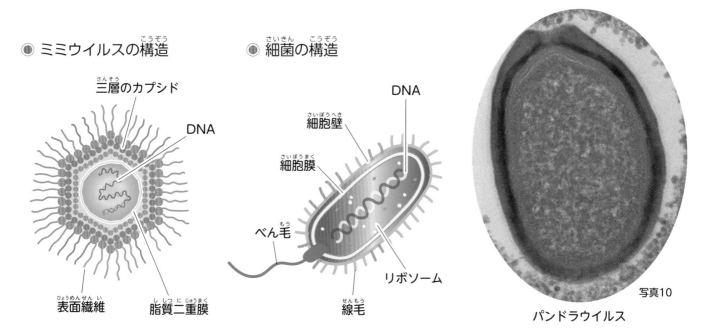

三層のカプシド
DNA
表面繊維
脂質二重膜

DNA
細胞壁
細胞膜
べん毛
リボソーム
線毛

写真10
パンドラウイルス

ほ乳類の進化とウイルス

垂直移動と水平移動

遺伝子はふつう親から子へ、親細胞から子細胞へと受けつがれていきます。これを遺伝子の「垂直移動」といいます。

一方、遺伝子の「水平移動」というものがあります。これは、水平の流れ、つまり遺伝子が親子ではない別の種の生物に取りこまれることをいいます。細菌の世界では、まわりの細菌や細菌以外の生物から遺伝子を取りこんで、自分の遺伝子にすることが知られています。

ヒトをふくむ高等な生物でも遺伝子の「水平移動」はおこなわれており、これはウイルスを介してなされると考えられています。

あるウイルスが生物Aに感染し、子ウイルスを複製するときに、遺伝子Aをたまたまもち出してしまい、放出されます。次に、この子ウイルスが生物Bに感染したときに、遺伝子Aを生物Bに組みこみます。こうして遺伝子が「水平移動」したと考えられるのです。

ほかの生物から持ちこんだ遺伝子だけでなく、ウイルス自身の遺伝子を組みこむこともあるといわれます。

ヒトの遺伝情報の40％はウイルスに由来

DNAは、A（アデニン）、T（チミン）、G（グアニン）、C（シトシン）という4つの物質（塩基）が連なったもので、その一部は生命の設計図ともいわれる「遺伝子」であることにふれました（→22ページ）。

DNAの遺伝情報の全体を「ゲノム」といいますが、2003年にヒトゲノムの、全部で約32億個もある塩基配列のすべてが明らかになりました。つまり、ATGCという4つの物質（塩基）の配列をすべて読み取ったのです。

実は、このDNAの塩基配列のうち、ウイルスに由来すると考えられる塩基配列が40％以上あることがわかってきました。ウイルスの感染によって、ウイルスの塩基配列が水平移動し、わたしたちの遠い祖先の動物のゲノムに組みこまれたと考えられるのです。

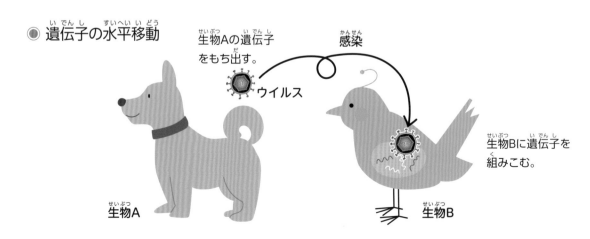

● 遺伝子の水平移動

生物Aの遺伝子をもち出す。

感染

ウイルス

生物Bに遺伝子を組みこむ。

生物A

生物B

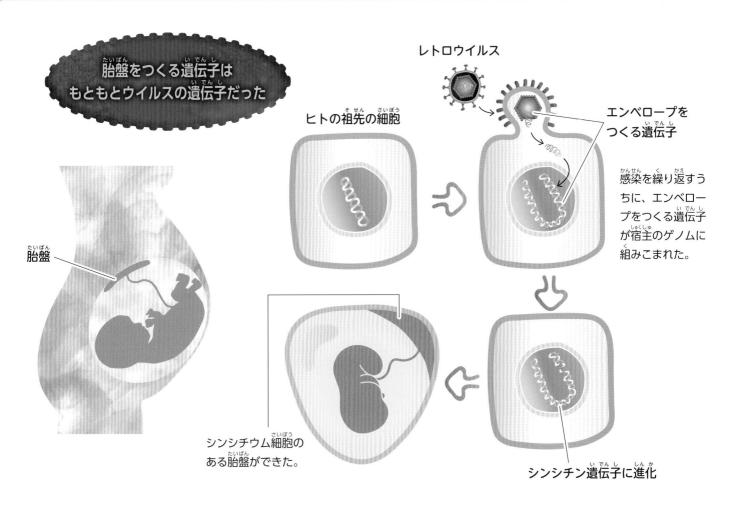

胎盤をつくる遺伝子はもともとウイルスの遺伝子だった

レトロウイルス

ヒトの祖先の細胞

エンベロープをつくる遺伝子

感染を繰り返すうちに、エンベロープをつくる遺伝子が宿主のゲノムに組みこまれた。

胎盤

シンシチウム細胞のある胎盤ができた。

シンシチン遺伝子に進化

胎盤をつくる遺伝子はウイルスに由来

ウイルスに由来するこうした塩基配列の中には、現役の遺伝子としてはたらいているものがあります。ヒトにとって重要な器官である胎盤をつくるもので、シンシチン遺伝子といいます。

胎盤は、ヒトもふくむほ乳類の有胎盤類のメスが、妊娠したときに子宮内につくる器官です。お腹の赤ちゃんは、この胎盤を通して、母体とのあいだで酸素と二酸化炭素、栄養と老廃物のやりとりをしています。

この胎盤の表面をおおう「シンシチウム細胞」とよばれる、細胞同士が合体した非常に大きな重要な細胞をつくるための遺伝子が、もともとはウイルスの遺伝子であったらしいことがわかってきました。

レトロウイルスというウイルスのタンパク質の殻（エンベロープ）をつくる遺伝子と、シンシチウム細胞をつくるシンシチン遺伝子の塩基配列がよく似ているのです。

レトロウイルスが、ヒトの祖先の細胞への感染を繰り返すうちに、エンベロープをつくる遺伝子が宿主の生殖細胞のゲノムに組みこまれ、それが長い時間をかけて少しずつ姿を変え、シンシチウム細胞をつくるシンシチン遺伝子になったと考えられています。

ほ乳類に共通した遺伝子

実は、このシンシチン遺伝子と同じ機能をもつ、レトロウイルス由来の遺伝子が、胎盤をつくるほぼすべてのほ乳類のゲノムにあることもわかってきています。

第3章 ウイルスと生物進化

ウイルスが生物を進化させた？

生物の3つのドメイン

生物を分類するとしたら、どのように分類したらよいでしょうか。

かつては「動き、食べる」＝「動物」と、「動かず、食べない」＝「植物」の2つに分類していました。その後、「動物界」「植物界」に加えてカビやキノコなどの「菌界」、アメーバなどの「原生生物界」、細菌などの「原核生物界（モネラ界）」と、5つの「界」に分ける考え方が長くなされてきました。

しかし、現在の生物学では、生物を「真核生物」「細菌」「古細菌」の3つに分類します。これが最上位の分類で、3ドメインといいます。

まず、生物を細胞の構造で分類すると、細胞の中に核をもつ「真核生物」と、核をもたない「原核生物」に分けられます。「真核生物」はヒトをふくむ動物や植物、さらにカビや寄生虫、アメーバもふくみます。

古細菌（アーキア）とは？

「原核生物」は細菌たちが属しているグループですが、遺伝子（DNAの塩基配列）を分析すると、細胞に核をもたないという共通点のある原核生物が、「細菌（バクテリア）」と「古細菌（アーキア）」に分かれることがわかりました。

古細菌（アーキア）とは、深海や温泉、地下深くなど、超高温や超高圧など極限の環境に生息する生物で、これまではマイナーな生き物と考えら

れていたグループです。

しかし、進化という観点から見ると、細菌と古細菌より、わたしたちヒトをふくむ真核生物と古細菌のほうが後から分かれており、近い仲間だということがわかったのです。

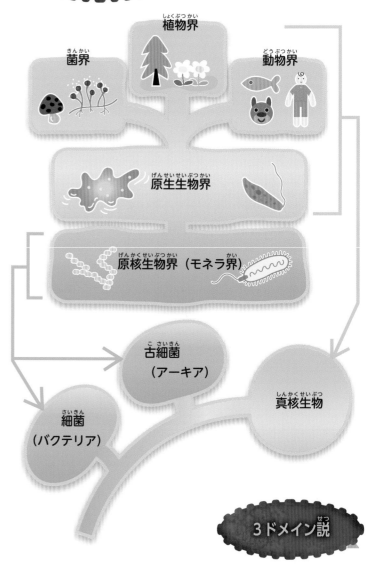

五界説

菌界　植物界　動物界

原生生物界

原核生物界（モネラ界）

古細菌（アーキア）　真核生物

細菌（バクテリア）

3ドメイン説

真核生物の細胞の核とDNAウイルス

生物を分類するという点で大きなポイントである真核生物の細胞の核は、どのように誕生したのでしょうか。実は、これについてはまだわかっていませんが、いくつかの説があります。

1つの説は、「細胞膜が内側に入りこんでDNAを包みこんだ」というものです。しかし、どんなきっかけで細胞膜が内側に入りこんでDNAを包みこんだのかは、はっきりしていません。

別の説は、大きなウイルスが用いる膜が進化したのではないかというものです。巨大ウイルスの中には膜に囲まれた場所でDNAを複製しているものがあり、それは「ウイルス工場」ともいえるということにふれました（→49ページ）。このウイルス工場を包む膜が、細胞の核膜によく似た脂質の二重膜なのです。このことから、こうした「ウイルス工場」をもつような巨大ウイルス

が、わたしたちの祖先に感染を繰り返すうち、そのウイルス工場の膜がやがて進化して細胞の核膜になったのではないか、という説です。

ウイルスが真核生物の誕生にかかわった？

ほかにも、細胞に核をもたない「原核細胞」（おそらく古細菌と真核生物の共通の祖先の細胞）に、ウイルスが感染するのを繰り返した結果、細胞のほうが、ウイルスから自分のDNAを守るために、膜でできた囲いをつくりはじめたのが核のもとになったのではないか、という考え方もあります。

あくまでも仮説ですが、ウイルスの感染がわたしたちの祖先が細胞に核をもつきっかけになったとも考えられ、そうすると、ウイルスがわたしたちヒトもふくむ真核生物の誕生にかかわったかもしれないといえます。

ウイルスが、生物の進化に重要な役割をはたしていた可能性があるのです。

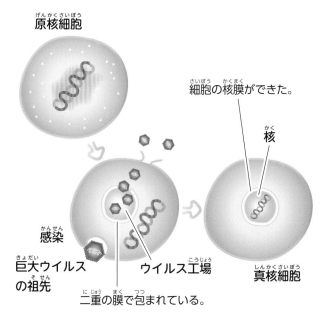

ウイルスによって核膜ができた説

原核細胞

細胞の核膜ができた。

核

巨大ウイルスの祖先

感染

ウイルス工場

真核細胞

二重の膜で包まれている。

もっと知りたい！

●ウイルスを遺伝子治療に利用

遺伝子の異常が原因の病気を、正常な遺伝子に置き換えることで治すのが、遺伝子治療です。

このとき、ウイルスを「乗り物」にして遺伝子を細胞に送りこむ研究が進められています。この「乗り物」として使うウイルスは、病原性をなくしたものです。

ウイルスが医療に役立とうとしているのです。

さくいん

■監修者紹介

武村 政春（たけむら　まさはる）

東京理科大学理学部第一部教授。博士（医学）。
1969年三重県生まれ。名古屋大学大学院医学研究科修了。名古屋大学助手等を経て現職。
専門は巨大ウイルス学、分子生物学。2001年に真核生物の細胞核が大型のDNAウイルスに
由来するとの仮説を発表した。また、2015年に東アジア初の巨大ウイルス「トーキョーウ
イルス」を、2019年に真核生物の起源と関わりがあると思われる巨大ウイルス「メドゥー
サウイルス」を発見した。著書に『新しいウイルス入門』『巨大ウイルスと第4のドメイン』
『生物はウイルスが進化させた』（いずれも講談社ブルーバックス）など多数。

●構成・編集・文／榎本編集事務所
●カバー＆本文デザイン、本文イラスト／チダル108
●写真提供／写真1・2：CDC/Dr. Frederick Murphy、写真3：CDC/Hannah A. Bullock and Azaibi
　　　　　Tamin、写真4：NIAID、写真5：CDC、写真6：CDC/John Noble, Jr., M.D.、写真7：
　　　　　CDC/Dr. Erskine Palmer、写真8：NIAID-RML、写真9・10：東京理科大学武村研究室　そ
　　　　　の他の写真：PIXTA、123RF、photolibrary

〈おもな参考文献〉
『新しいウイルス入門』（武村政春著、講談社ブルーバックス）
『生物はウイルスが進化させた』（武村政春著、講談社ブルーバックス）
『ヒトがいまあるのはウイルスのおかげ！』（武村政春著、さくら舎）
『ウイルスは生きている』（中屋敷均著、講談社現代新書）
『ウイルスと感染のしくみ』（生田哲著、日本実業出版社）

＊本書は、2020年8月現在の情報に準拠しています。

ウイルスって何だろう？
正体から生物進化とのかかわりまで

2020年11月10日　第1版第1刷発行

監修者　武村政春
発行者　後藤淳一
発行所　株式会社PHP研究所
　　　　東京本部　〒135-8137　江東区豊洲5-6-52
　　　　　　　　　児童書出版部　TEL 03-3520-9635（編集）
　　　　　　　　　　　　普及部　TEL 03-3520-9630（販売）
　　　　京都本部　〒601-8411　京都市南区西九条北ノ内町11
　　　　PHP INTERFACE　https://www.php.co.jp/

印刷所
製本所　図書印刷株式会社

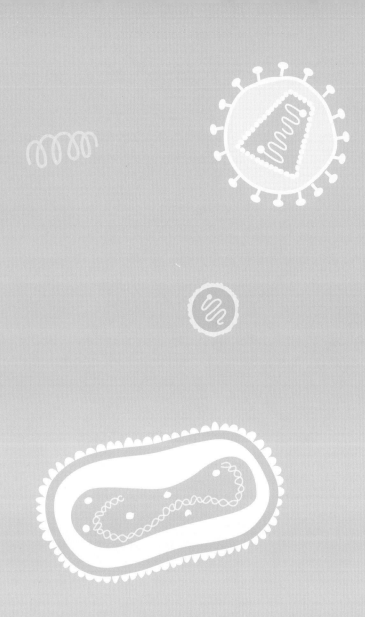

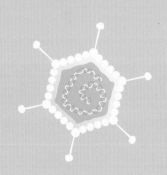